农民教育培训农业部"十二五"规划教材
新型职业农民培训系列教材
——家禽规模养殖系列

适度规模肉鸡场的建设及管理配套技术

李 义 主编

中国农业大学出版社
·北京·

内容简介

本书内容包括：适度规模肉鸡场场址的选择、适度规模肉鸡场的规划布局、适度规模肉鸡场的生产设施、适度规模肉鸡场的环境控制、适度规模肉鸡场粪污的处理与利用、适度规模肉鸡场的经济效益核算与肉鸡的饲养管理技术。

图书在版编目(CIP)数据

适度规模肉鸡场的建设及管理配套技术/李义主编，—北京：中国农业大学出版社，2013.12

ISBN 978-7-5655-0855-4

Ⅰ.①适…　Ⅱ.①李…　Ⅲ.①养鸡场-管理-技术管理-教材②肉鸡-饲养管理-技术培训-教材　Ⅳ.①S831

中国版本图书馆 CIP 数据核字(2013)第 274703 号

书　　名　适度规模肉鸡场的建设及管理配套技术

作　　者　李　义　主编

策划编辑　张　蕊　陈肖安　汪春林　　**责任编辑**　张　蕊

封面设计　郑　川　　**责任校对**　陈　莹　王晓凤

出版发行　中国农业大学出版社

社　　址　北京市海淀区圆明园西路 2 号　　**邮政编码**　100193

电　　话　发行部 010-62818525,8625　　读者服务部 010-62732336

编辑部 010-62732617,2618　　出　版　部 010-62733440

网　　址　http://www.cau.edu.cn/caup　　**E-mail** cbsszs@cau.edu.cn

经　　销　新华书店

印　　刷　中煤涿州制图印刷厂

版　　次　2014 年 1 月第 1 版　　2014 年 1 月第 1 次印刷

规　　格　850×1 168　32 开本　3.125 印张　75 千字

定　　价　9.00 元

编写人员

主　编　李　义

参　编　林建坤　肖发沂　陈常东　王国信
都振玉　李　超

编写说明

农民是农业生产经营主体。开展农民教育培训，提高农民综合素质、生产技能和经营能力，是发展现代农业和建设社会主义新农村的重要举措。党中央、国务院高度重视农民教育培训工作，提出了“大力培育新型职业农民”的历史任务。为贯彻落实中央的战略部署，提高农民教育培训质量，同时也为各地培育新型职业农民提供基础保障——高质量教材，我们遵循农民教育培训的基本特点和规律，编写了《适度规模肉鸡场的建设及管理配套技术》培训教材。

《适度规模肉鸡场的建设及管理配套技术》是新型职业农民培训系列教材之一。本书内容包括：适度规模肉鸡场场址的选择、适度规模肉鸡场的规划布局、适度规模肉鸡场的生产设施、适度规模肉鸡场的环境控制、适度规模肉鸡场粪污的处理与利用、适度规模肉鸡场的经济效益核算与肉鸡的饲养管理技术。涵盖了适度规模肉鸡养殖场的建设及管理的各个环节和关键技术，通俗易懂，具有很强的针对性和实用性，既可作为肉鸡生产一线的新型职业农民的培训教材，也可作为从事规模肉鸡养殖场生产、管理人员及农业职业院校师生的学习参考用书。

本书由山东畜牧兽医职业学院李义副教授，林建坤讲师，肖发沂、都振玉、李超畜牧师，山东省昌乐县畜牧兽医局王国信高级兽医师和山东省五莲县畜牧兽医局陈常东助理畜牧师共同编写，李义担任主编。北京农业职业学院李玉冰教授、农业部科技教育司张景林和原农业部农民科技教育培训中心陈肖安等同志对教材内容进行了审定，在此一并表示感谢。

由于编者水平有限，加之时间仓促，教材中不妥和错误之处在所难免。衷心希望广大读者提出宝贵意见，以期进一步修订和完善。

编　者
2013年9月

前　言

由于受到资金、技术和场地等的限制，我国不可能建立众多的大型肉鸡场，适度规模饲养是今后相当长时间内商品肉鸡的主要饲养形式。适度规模肉鸡场是指适合目前社会经济条件，投资规模无须过大，但能够将肉鸡各生产要素进行最优组合，发挥规模经济效益的肉鸡饲养方式。在《国务院办公厅关于统筹推进新一轮“菜篮子”工程建设的意见》（国办发〔2010〕18 号）文件精神指导下，国家相继出台了多项扶持肉鸡生产发展的政策。为了正确指导新型职业农民与从业人员科学合理地建设适度规模肉鸡场，避免场地选择不当、规划布局不合理、肉鸡舍建筑不科学、饲养管理技术落后、经济效益不高、环境污染严重等问题，我们编写了《适度规模肉鸡场的建设及管理配套技术》一书。旨在通过翔实的案例、大量的图片、通俗易懂的语言，系统地介绍适度规模肉鸡场的建设及管理技术，期望为新型职业农民与从业人员提供技术支撑。

编　者

2013 年 9 月

目　录

一、适度规模肉鸡场场址的选择与规划

1. 良好的肉鸡场应具备的条件有哪些？

随着国民经济的发展，肉鸡场的经营逐渐向高效能的集约化、工厂化方向发展，并逐步走向现代化，对肉鸡场的设置要求更加严格。肉鸡场是集中饲养和组织肉鸡生产的场所，是肉鸡生活的重要外界环境条件。为了有效地组织生产，必须根据地方资源分布情况、国家畜牧生产布局、肉鸡的生物学特性、肉鸡场的发展规划，本着节约耕地，有利于肉鸡健康和提高生产力的原则，进行场址的选择，并在其上按最佳的生产联系和卫生要求等配置有关建筑物，以合理利用自然条件和社会经济条件，最有效地进行生产。

肉鸡场的设置，要从场址选择、场区布局规划、场内卫生防疫、设施等方面进行综合考虑，合理安排。因此，良好的肉鸡场应具备以下条件。

①保证场区具有良好的小气候，有利于舍内空气环境卫生控制。

②便于严格执行各种卫生防疫制度和措施，减少疾病的发生。

③便于合理组织生产，有效地提高设备利用率和工作人员的劳动生产率。

④利于环境保护和避免环境污染，并可持续发展。

2. 怎样正确选择一个比较理想的肉鸡场场址？

根据肉鸡场经营方式、生产特点、管理形式以及生产的集约化程度等特点，对自然环境条件和社会环境条件进行全面考虑。

(1)自然条件的要求　自然条件包括：地势地形、水源水质、地质土壤、气候因素等方面。

①地势和地形：地势是指场地的高低起伏状况；地形是指场地的形状范围以及地物，如山岭、河流、道路、草地、树林、居民等的相对平面位置状况。

山区建场应选在平缓的坡上，坡面向阳，建筑区地面坡度以不超过3%为宜。场区总坡度以不超过25%为宜。避开坡底和长形谷地以及风口，以免空气产生涡流，遭受山洪和暴风雪的袭击。

平原地区地势平坦、开阔，场址应注意选在较周围地段稍高的地方。肉鸡场应建在地势高燥，地下水位低，应在2米以下。

靠近河流、湖泊的地区，场地应比当地水文资料中最高水位高1～2米，以防汛期涨水时被水淹没；若在低洼地带，场区易积水而潮湿、泥泞，夏季通风不良，空气闷热，有利于病原微生物的生长繁殖，特别是寄生虫如疥癣、球虫的滋生。

场区地形要开阔、整齐和紧凑，不宜过于狭长和边角太多。以便于合理布置场区建筑物和各种设施，缩短道路和管线长度，节约投资和利于管理。要充分利用自然地形地物，如利用原有林带树木、山岭、河川、沟渠等作为场界的天然屏障。

②水源水质：水源水质关系着生产和生活用水，要给予足够的重视。在肉仔鸡的生产过程中，需要大量的水，如鸡的饮水、饲料的调制与粪尿的冲刷、用具及笼舍的消毒和洗涤，以及生活用水等。因此，必须有一个可靠的水源，应将水源作为一个重要因素考虑。

作为水源应符合下列要求：水量要充足。能够满足场内人、鸡饮用和其他生产、生活用水，同时应考虑防火和未来发展的需要。水质要好。不经处理即能符合GB 5749要求的水质为理想。此外在选择时要调查当地是否因水质不良而出现过某些地方性疾病以及是否存在借水传染的可能等。取用方便。处理技术简单易行，设备投资少。便于防护。以保证水源水质经常保持良好状态，不受周围环境条件的污染。

③土壤地质：土壤的物理、化学和生物学特性，不仅直接、间接影响场区的空气、水质和植被的化学成分及生长状态，还可影响建筑物、土壤的净化作用等。因此，适于建立肉仔鸡场的土壤应是透气、透水性强，毛细管作用弱，吸湿性和导热性小，质地均匀，抗压性强、自净能力强的土壤。从建筑学和家畜环境卫生等观点来看，沙壤土是建造肉仔鸡场的理想土壤。但是在一定地区内，由于受到某些客观条件的限制，选择最理想的土壤是不容易的。这就要求在肉仔鸡舍的设计、施工、使用和其他日常管理上，尽量设法弥补当地土壤的缺陷和不足，以选择较理想的土壤。

(2)社会条件的要求　社会条件是指肉仔鸡场与其周围环境的联系，如居民区、交通道路、电力供应及排污等。

①周边环境：肉鸡场与居民区之间要保持适当的距离，一般在1 000 米以上，大型肉鸡场应在1 500 米以上。与各种易造成污染的企业和其他禽场的距离应不小于1 000 米。

②交通：在选择场址时既要考虑到交通方便，又要使肉鸡场与交通干线保持一定的距离。为了防疫卫生，防止疫病传播，场区距一二级公路和铁路重要交通道路应不少于300～500 米，距三级公路(省内公路)应不少于150～200 米，距四级公路(县级和地方公路)不少于100 米。非本场的牲畜牧道在300 米以上。

③排污：肉鸡场场址的选择要充分考虑在生产过程中，产生大量的粪尿、污水以及其他废弃物的排放，不致造成对周围社会环境的污染，同时也要注意场区免受周围环境的污染。因此，场区应建在居民区的下风处，地势低于居民区，但应远离居民区污水排放口，避开化工厂、屠宰场、畜产品加工厂、制革厂等，易造成环境污染企业的附近或下风处。

④电力：机械化程度较高的肉鸡场对电的依赖性较大，如供暖、机械通风、自动供料、自动清粪、照明、饲料的加工以及生活用

电等都要求有可靠的供电条件。因此，要了解供电源的位置与场区的距离，最大供电允许量，是否供电正常，有无可能双路供电等。如果供电无保证，则需自备发电机，以保证场内供电的稳定性和可靠性。

总之，合理而科学地选好肉鸡场场址，是肉鸡生产成功的关键，对组织肉鸡场高效、安全生产具有重要的意义。

3.肉鸡场分区规划的原则是什么？

场址选定后，根据地形、地势以及当地的主导风向，确定不同建筑功能区的位置。肉鸡场的功能分区是否合理、各区建筑物布局是否得当，不仅直接关系到经营管理、基建投资、生产组织、劳动生产率和经济效益，而且影响到场区小气候环境和兽医卫生情况。合理的布局可以节省土地面积、建场投资，给管理工作带来方便条件。因此，要综合分析，研究各种因素，给以科学的合理安排，是建立良好的肉鸡场环境和组织高效率生产的前提和可靠保证。

分区规划的原则应从人和鸡保健以及有利于防疫、有利于组织安全生产出发，以建立最佳生产联系和卫生防疫条件。因此，根据地势高低、水流方向、主导风向，合理安排不同功能区的建筑物。如地势与风向按防疫环境条件的要求，则按人、鸡、排污的顺序安排各房舍顺序。

总之，肉鸡场分区规划应注意的原则是：人、鸡、污，以人为先，排污为后的排列顺序；风与水，则以风为主的排列顺序。

4.肉鸡场有几个功能区？如何分区规划？

按照肉鸡场分区规划的原则通常分为：生活管理区、生产区和隔离及粪便处理区等 3 个功能区(图 1-1)。

(1)生活管理区　主要包括与经营管理有关的建筑房舍、饲料加工房舍、饲料库、维修间、配电室、供水设施等。因该区的经营管

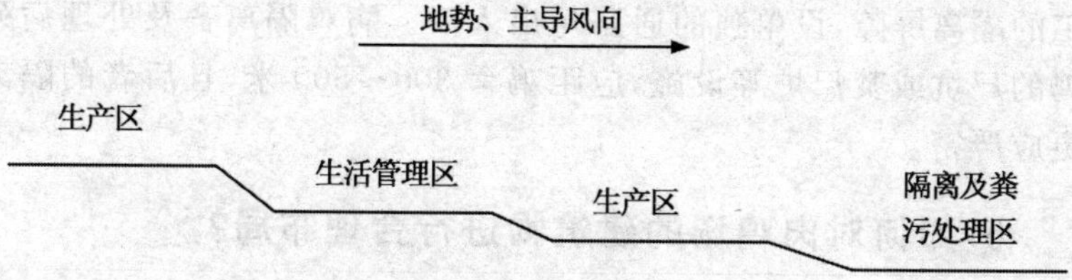

图 1-1　肉鸡场规划示意图

理活动与社会经常发生极其密切的联系，造成疫病传播的危险性比较大。在规划时，该区要单独成为一个小区，应与生产区加以隔离，外来人员只能在管理区活动，不得进入生产区。

因此，在设置该区时，应着重考虑两个方面，既有利于防疫，避免造成疾病的传播，又有利于组织生产，提高劳动效率。一般来说管理区与生产区应至少保持 50 米的距离，大型的鸡场最好保持 200～300 米的距离。

(2)生产区　生产区是肉鸡场的核心，对生产区的规划，应给予全面的考虑，该区应建在管理区的下风和地势较低处，但应高于兽医治疗室隔离舍，并在其上风处；置于防疫比较安全的位置，必要时要加强与外界隔离措施，以减少外界的疫情对生产区传播的机会。鸡舍之间应有一定的卫生间距。与饲料有关的建筑物，原则上应配置在地势高处，并应保证兽医卫生安全，同时也便于与外界的联系。

(3)隔离区及粪污处理区　包括病鸡和死鸡隔离、剖检、化验、处理等房舍和设施，粪便污水处理及贮存设施等，是肉鸡场病鸡、粪便等污物集中之处，是卫生防疫和环境保护工作的重点，该区应设在全场的下风向和地势最低处，且与其他两区的卫生间距不小于 50 米。

贮粪场的设置既应考虑鸡粪便于由鸡舍运出，又便于运到田间施用。

病鸡隔离舍应尽可能与外界隔绝，且其四周应有天然的或人工的隔离屏障，设单独的通路与出入口。病鸡隔离舍及处理病死鸡的尸坑或焚尸炉等设施，应距鸡舍300～500米，且后者的隔离更应严密。

5.如何对肉鸡场的建筑物进行合理布局?

肉鸡场房舍规划的任务是合理设计各种房舍建筑物及其设施的排列方式和次序，在已确定的功能区内，房舍布局合理与否，对场区的环境条件、卫生防疫条件、生产组织及劳动生产率的发挥等都有直接的影响。

为搞好肉鸡场建筑物的合理布局，应根据本场的任务和要求、饲养管理方式、集约化程度等，确定各种房舍建筑物的种类、形式、面积和数量，在此基础上综合考虑，为建筑物之间的功能关系、小气候的改善、卫生防疫、防火和节约占地等，根据实际情况进行设计。

根据生产环节确定房舍之间的最佳生产联系，肉鸡场的生产过程包括的环节大致如下：肉仔鸡生产群的饲养管理，饲料的加工、调制与分类，粪污的清除与处理，疫病的防治。

上述过程需在不同建筑物中进行，彼此发生功能联系，统筹安排。排列的合理与否，关系到场区小气候，鸡舍的光照、通风，建筑物之间的联系，道路和管线铺设的长短，场地的利用率等。否则将影响生产的顺序进行，难以组织有效地生产，甚至造成无法克服的后果。

在确定每栋房舍设施的位置时，应主要考虑它们彼此之间的功能关系，即建立最佳的生产联系和卫生防疫要求，将相互有关的、联系密切的建筑物和设施相互靠近，做到既有利于生产的联系又有利于卫生防疫。为有利于减轻劳动强度，便于实现生产过程机械化，提高劳动效率，建筑物之间的功能联系，尽量做到紧凑地配置，以保证最短的运输、供电、供水线路。

肉仔鸡场建筑物一般横向成排(东西)，竖向成列(南北)。在布局时，应根据当地气候，场地地形、地势，建筑物种类和数量，尽量做到合理、整齐、紧凑、美观。建筑物的排列可以是单列、双列或多列。如果场地条件允许，应尽量避免建筑物布置成横向狭长或竖向狭长，因为狭长形布置势必造成饲料、粪尿运输距离加大，管理和工作联系不便，道路、管线加长，建场投资增加。如将生产区按方形或近似方形布置，则可避免上述缺点。因此，要根据场地形状、鸡舍数量和每栋舍的长度，酌情布置为单列、双列或多列式（图1-2）。

此外，对于饲料库和贮粪场等，与每栋鸡舍都发生联系，其位置应考虑到净道和污道的分工布置，为相反的方向或偏角的位置，并尽量使其与各鸡舍的线路保持最短线路距离或相关不大。

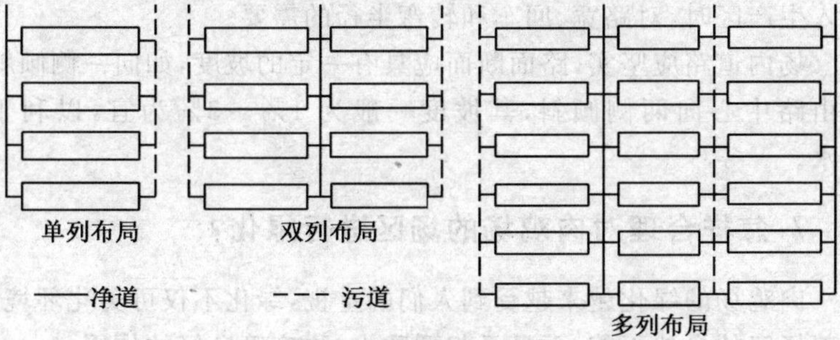

图 1-2　肉鸡场建筑物排列布置模式图

6. 怎样正确设置肉鸡场的场区道路？

场区道路的设置是总体布置的一个组成部分，是场区建筑物之间、建筑物与建筑设施、场内外之间联系的纽带，不仅关系到场内运输、组织生产活动的正常进行，而且对卫生防疫、提高工作效率都具有重要的作用。因此，要求道路直而线路短，以保证场内各生产环节保持最方便的联系。

生产区的道路应区分为运送饲料、产品和用于生产联系的净道，以及运送粪污的污道。净道和污道不得交叉或混用，以有利于防疫。为了保证净道不受污染，道路末端只到鸡舍，不再延伸，更不可与污道贯通。净道和污道以草坪、沟渠、池塘或者矮小灌木林带相隔。

场前区的道路和隔离区的道路应分别设与场外相通的道路，绝不能直接与生产区的道路相连。

肉鸡场道路的宽度要考虑场内和车辆的流量，主要着重于主干道即行车道。主干道因与场外运输线路相连接，其宽度要保证顺利错车以5.5～6.0米为宜，拐弯半径不小于8米。支干道与饲料库、鸡舍、兽医治疗室、贮粪场等连接，此类道路一般不行驶载重车，其宽度一般为1.5～3.0米。但应考虑火警等特殊情况下车辆进入生产区时，对路宽、回车和转弯半径的需要。

场内道路应坚实，路面断面应具有一定的坡度，如向一侧倾斜或由路中心向两侧倾斜，其坡度一般为1%～3%为宜，以利于排水。

7.怎样合理对肉鸡场的场区进行绿化？

肉鸡场的绿化越来越受到人们的重视，绿化不仅可美化环境，改善场区的自然面貌，而且可起到防火、防疫等良好的作用。

在场内规划时必须规划出绿化带，绿化目的性要明确，发挥各种林木的功能作用。

（1）防风林带　以降低场内风速，防低温气流，防风沙对场区、鸡舍的侵袭为目的。防风林带应设在冬季主风向，沿围墙内外分布，林带的宽度以5～8米为宜，植树行数视当地冬季主风的风力而定，株距1.5米，呈“品”字形栽植。树种选择最好是落叶树和常年绿树搭配，高矮树种搭配。

（2）隔离林绿化带　主要设在各场区之间及围墙内外，场界周边种植乔木混合林带，特别是夏季上风向的隔离林带，应选择树干高，树冠大的乔木，行株距应稍大些。场区以隔离林带，以分隔场内各区,此区的隔离林应按防风林设计。

(3)遮阴绿化林　既要注意遮阴效果,又要注意不影响通风排污。因此,近舍的绿化起到为鸡舍墙壁、屋顶、门窗遮阴的作用,在植物配置选择方面,可根据树种特点和当地太阳高度角,合理确定植树位置及树木类别。绿化遮阴一般选择花荫的树种,如柿、核桃、枣等枝条长、树冠大而透风性好的树种,以防夏季阻碍通风和冬季的遮挡阳光(图 1-3 和图 1-4)。

在运动场内植树也应选择花荫树种,以相邻二株树冠相连,又能通风为好。

图 1-3　鸡舍绿化树木的竖向搭配

图 1-4　不同绿化树种

8.怎样合理确定肉鸡场的适度规模?

肉鸡场适度规模的确定,应依据建设肉鸡场的基本原则,并对市场需求量、饲养管理方式等进行综合分析。以确定商品肉鸡场的适度规模为例,需考虑以下问题。

(1)市场的需求量和生产能力　首先根据市场的需要量以及生产的能力,确定计划每年上市的肉仔鸡数量。就目前生产水平来说,肉仔鸡一般在6～8周出栏上市,然后利用15天左右的时间对鸡舍进行彻底清扫、消毒和空舍,接着开始饲养下一批肉仔鸡。因此,每栋肉仔鸡舍的利用周期为10～11周,每年可以饲养5批肉仔鸡。然后依据鸡场的计划建设规模就可以确定每年上市的肉仔鸡数量。

根据目前肉鸡产业发展的状况,鸡场规模过小时,显然缺乏应有的抵御市场风险的能力。但规模过大时,所需要的资金、技术等也相应加大。

(2)饲养管理方式　在饲养肉仔鸡的过程中,采用笼养或是地面平养,需要鸡舍的数量和占地面积上有很大的差别。肉仔鸡一般采用地面平养或网上平养,原因是生产周期短,生长快,避免因上笼而引起应激反应;肉鸡喜爱趴卧、体重大,笼养容易造成胸囊肿和腿部疾病,影响肉仔鸡屠体的品质。

(3)鸡舍形式的选择　在饲养过程中,可采用封闭舍、半开放舍和棚舍3种形式。根据当地气候条件选择合适的鸡舍形式,封闭舍和地面垫料平养,适合寒冷地区;半开放舍和棚舍适宜于炎热地区或温暖地区的炎热季节。

根据上述要求肉鸡场应由中、小规模分散饲养,逐步过渡到大规模、集约化饲养。肉鸡场的适度建设规模可参考表1-1。

表1-1　适度建设规模鸡场建设规模　　万只

项目	世代	大规模鸡场	中规模鸡场	小规模鸡场
商品肉鸡场		10.0以上	1.0～5.0	0.4～1.0
肉种鸡场	祖代	3.0以上	1.5	0.5
	父母代	5.0以上	2.0	1.0

每批饲养20 000只规模的肉鸡场的规划布局示例如下。

(1)鸡舍数量的确定　每批饲养20 000只的肉鸡场按照每个鸡舍的饲养量为2 500只,则需要8栋鸡舍。

(2)鸡舍面积的确定　若出栏时的饲养密度按8～10只/米^{2}计算(计算饲养密度取8只/米^2)。则1栋鸡舍的面积为:2 500只÷8只/米^2=312.5米^2;整个饲养场饲养面积为:312.5米^2×8=2 500米^2。

(3)鸡舍的规格　每个鸡舍的宽度为8.5米,则鸡舍的长度应为312.5米^2÷8.5米=37米。

(4)鸡舍占地面积与建筑面积　鸡场建筑物包括鸡舍、饲料加工与贮存间、办公室等,20 000只商品肉鸡场的占地面积与建筑面积见表1-2。

表1-2　鸡场的占地面积与建筑面积　米^2

建筑物类型	占地面积
鸡舍	2 500～3 000
饲料间	80～100
生活、食堂	100～200
办公室	50～100
总建筑面积	2 730～3 400
总占地面积	3 200～6 000

(5)鸡场的平面布局　20 000只商品肉鸡场虽然规模不大,但也要按其功能不同分为生活管理区、生产区、隔离区。管理区设在靠近场大门的一侧,便于与外界联系;生产区内中间设置道路,8栋鸡舍分布于道路两侧,一侧4栋。整个肉鸡场场区长100米,宽60米。具体场区分布见平面图1-5。

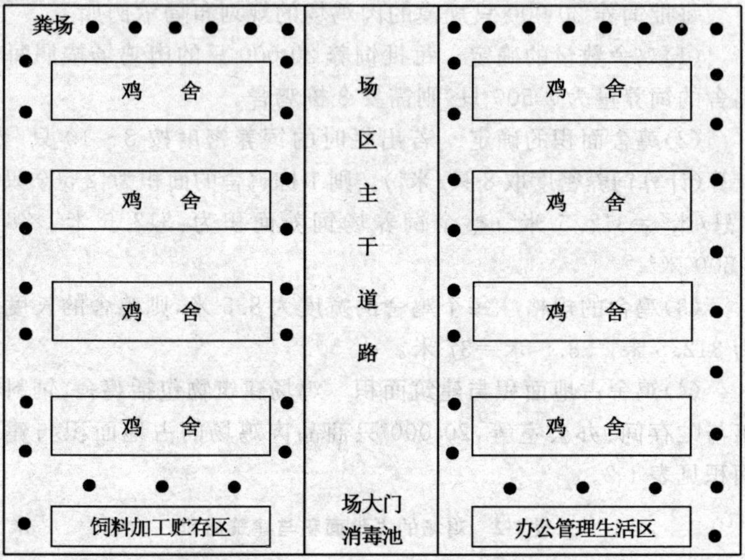

图 1-5 商品肉鸡场的平面布局示意图

二、适度规模肉鸡场的建筑

9. 肉鸡舍的形式有哪些?

鸡舍是鸡生活和从事生产的场所。为使鸡在适宜的环境中生活,鸡舍不仅要满足肉鸡生物学特性的要求,还要根据养鸡场的生产工艺方案和环境工程管理等设计参数,为肉鸡生产创造一个最佳的生活空间,充分发挥其生产潜力,提高经济效益。鸡舍形式要根据不同地区气候环境特点、社会经济条件、生产水平、饲养管理方式及生产方向而定。鸡舍的建筑类型、形式多种多样,各有其特点。按舍的封密程度可分为开放式鸡舍和密闭式鸡舍 2 种类型。

(1)开放式鸡舍　墙体一面或多面敞开的鸡舍形式。主要包括:开敞式、半开敞式和棚式鸡舍。

①开敞式鸡舍:三面有墙,有屋顶,正面(向阳面)敞开或设有丝网。其特点是通风好,有利于采光,舍内空气清新,管理方便,造价较低。但舍内温度因空气流动性强而易受到外界气温的影响,不便于进行环境控制,防寒能力较差,不利于防兽害,适宜较温暖地区。

②半开敞式鸡舍:三面有墙,有屋顶,正面(阳面)设有半截墙,为防止兽害的侵袭,在半截墙之上可安装丝网。为了提高其实用效果,在冬季为加强保温,可封上活动式的塑料膜;为夏季有利于通风,在后墙设窗户。此种类型鸡舍通风、采光较好。舍内空气新鲜,有一定的防寒能力,适宜冬季不太冷、夏季不太热的地区。

③棚式鸡舍:四周无墙,只有棚顶,靠立柱支撑。其特点是防止日晒,减少辐射热和空气流通大等,是一种防暑的有效形式,同时舍内空气新鲜,光照充足,结构简单,投资少,造价低。但此类鸡舍四周无墙壁,不利于防兽害,由于屋顶隔绝了太阳辐射,使棚内得不到上面来的热量,而四周又是完全敞开的,对寒流的侵袭没有防御能力。因此,仅适宜温暖或四季如春的地区。

(2)密闭式鸡舍　通过墙体、屋顶等外围护结构形成封闭状态的鸡舍形式,包括:有窗鸡舍和无窗鸡舍 2 种形式。

①有窗鸡舍:四周有墙,有屋顶,通风换气依靠门、窗或通风管道,舍内外空气环境差异较大。优点是具有较好的保温隔热能力,便于人工控制舍内环境和人工管理。缺点是由于墙壁和屋顶等围护结构形成封闭状态。舍内的水汽、有害气体浓度较高,若不能进行有效地通风,易发生呼吸道疾病。尤其是在冬季,通风和保温往往形成矛盾。但此种形式是目前我国各地应用最多的一类鸡舍形式。

②无窗鸡舍:又称环境控制式鸡舍,舍内的小气候如温度、湿度、气流和光照等完全是人为控制的,不受外界环境因素的影响。

其优点是生产不受季节的影响,为鸡创造了一个最佳的生存空间;便于控制鸡的生长、发育和繁殖;有效地控制了疾病的传播;充分发挥其生产潜力,提高了饲料的转化率;便于实现机械化,减轻了劳动强度,提高了劳动生产率。

其缺点是投资较大,建筑物和附属设备要求较高,并要求绝对保证充足的电力。要求饲养管理水平高,必须供给全价营养的饲料。同时要求鸡群质量高,发育整齐一致,为无特定病原群。

采用无窗式鸡舍,必须有周密的生产计划,科学的管理手段,有效地防疫措施。在生产过程中,一般都采用“全进全出制”,即同舍内或同场的某个区域内的鸡群,同时进舍又同时出场,这样做的目的是有利于控制疾病,避免疾病的交叉传染,便于饲养管理,提高饲养效果。

10. 肉鸡舍建筑设计的基本要求有哪些？

肉鸡舍建筑设计的基本要求如下。

①因地制宜，就地取材，经济实用。在肉鸡舍形式、结构的设计和设施的选择上，应突出经济效益，考虑投入产出比。

②与肉鸡的生活习性相适应。鸡怕热、怕湿、怕脏、体小力弱、抗病力差。因此，在建筑上要有能防雨、防潮、防暑、防寒、防风、防兽害等措施。

③肉鸡舍的形式、结构、大小及内部布置等必须满足便于饲养管理，提高劳动效率和实现机械化，要清洁卫生，以有利于防疫，防止疾病传播。

④满足肉鸡舍的功能要求，为肉鸡群创造良好的生活环境条件，做到舍内干燥、通风、采光好，冬暖夏凉。

⑤坚固耐用，便于清扫、消毒。

11. 肉鸡舍基本结构的要求有哪些？

肉鸡舍环境在很大程度上取决于鸡舍的结构，通过对肉鸡舍的基本结构如地基、基础、墙壁、地面、屋顶与天棚等进行合理的设计，为肉鸡生活提供一个适宜的环境场所，以有利于组织生产。

(1)地基与基础　以防建筑物下沉，引起裂缝和倾斜，使整体结构坚固性受到影响。天然地基的土层必须坚实，组成一致，干燥，有足够的厚度，压缩性小，地下水位在 2 米以下。一般沙砾、碎石、岩性土层的压缩性小，且不受地下水冲击的沙质土层是良好的天然地基。黏土、黄土含水多时压缩性大，且冬季膨胀性很大，如不能保持干燥，不适宜做天然地基。

基础是建筑物深入土层的部分，是墙的延伸。作用是承载鸡舍本身重量及舍内鸡、设备、屋顶等重量。因此，基础要求坚固耐久，有适当的抗机械能力及抗震、防潮、抗冻能力。一般基础比墙宽 10～15 厘米，基础埋置深度应根据鸡舍的总载荷、地基的承载力、土层的冻胀程度及地下水情况而定，在不膨胀土层上，一般深度为50～70厘米。应将基础埋置在土层最大冻结深度以下，同时还应加强基础的防潮、防水。目前，在鸡舍建造中广泛采用石棉水泥板及钢性泡沫隔热板，以加强鸡舍基础的防潮和保温。加强基础的防潮和保温对改善舍内环境、小气候具有重要的意义。

(2)墙壁　墙壁是鸡舍的主要结构，是鸡舍与外部空间隔离的主要外围护体，对舍内温度、湿度状况起重要作用。据测定，冬季通过墙散失的热量占整个鸡舍总失热量的35%～40%。

对墙壁的要求：坚固、耐久、严密、防水、抗震，结构简单，便于清扫、消毒。同时具有良好的保温隔热性能。

墙壁的保温隔热能力取决于采用的建筑材料的特性与厚度，尽可能选用隔热性能好的材料，以保证最高的隔热设计。否则，在冬季，特别是寒冷地区，就不能保证舍内应有的温度而导致水汽在墙壁表面凝结，造成舍内潮湿，对舍内湿度的控制造成麻烦。而在炎热地区，若墙壁隔热能力低，必然导致舍内温度过高，给防暑降温带来一定的困难。

为加强防潮和隔热能力，应用防水好且耐久的材料抹面，以保护墙面不受雨雪的侵蚀，沿外墙四周做好散水或排水沟，以减少墙身与基础受到浸泡的可能。在舍内墙的下部设墙围，对加强墙的坚固性，防止水汽渗入墙体，提高墙壁的保温性能均有重要意义。为增强反光能力和保持清洁卫生，内表面抹平粉刷成白色。

(3)窗　窗的主要作用在于保证鸡的自然采光和通风。但由于窗户多设在墙壁和屋顶上，所以窗的设置对舍内的采光和保温隔热有较大的影响。

设置原则：在满足采光要求的前提下，尽量少设，以能保证夏季通风和冬季的保温。在总面积相同时，大窗户比小窗有利于采光；为保证鸡舍的采光均匀，在墙上窗应等距离分布，窗间壁的宽度不应超过窗宽的2倍。在窗的形式方面，立式窗比卧式窗更有利于采光，高15%～20%，但不利于保温。

(4)门　舍门有内外之分,在设置方面,每栋舍通常至少有 2 个外门,一般设在两端墙上,正对中央通道,便于运入饲料和粪便的清除,同时便于实现机械化作业。其大小可根据作业特点和机械体积而定。鸡舍较长(大于 30 米)时,大纵墙上也可设门,一般设在向阳背风的一侧。

鸡舍门一般宽 1.5 米,高 2.0 米左右;人行门宽 0.7 米,高 1.8 米。要求开启方便,坚固耐用,严密,防兽害,保证生产过程(如运饲料、清粪便)的顺利进行。同时,鸡舍门应向外开,门上不应有尖锐突出物,不应有门槛、台阶。

(5)天棚　又称顶棚,天花板。是将鸡舍与屋顶之下空间隔开的结构,使该空间形成一个不流动的空气缓冲层,对鸡舍的保温、隔热具有重要作用。其主要功能是加强夏季的防热和冬季的保温,同时也有利于通风换气。

天棚和屋顶的失热最多,一方面是由于其面积较大;另一方面是舍内热空气在屋顶和天棚处聚集,热量易通过屋顶和天棚散失。据测定,热量的 36%～44%是通过天棚和屋顶散失的,可见天棚对舍温控制的重要性。因此,天棚必须具备保温、隔热、不透气、不透水、坚固耐久、防潮、不滑、结构轻便、简单等特点。

为加强隔热保温性能,除要求天棚严密不透水、不透气外,还可选用隔热性能好的材料,如聚苯乙烯泡沫塑料、玻璃棉等。

鸡舍内的高度通常以净高表示。净高指地面到天棚的高,无天棚时,指地面至屋架下缘的高,又称柁下高或举架。鸡舍的净高一般为 2.2～2.6 米,在寒冷地区,可适当降低净高,以有利于保温;在炎热地区,为有利于通风,缓和高温的影响,可适当增加净高。

(6)地面　在生产中鸡舍地面多为水泥地面。便于消毒、清扫,对舍内保持清洁有较好的作用。工厂化、集约化生产的鸡舍,要求鸡舍地面质量更高,有利于机械化作业和管理。鸡舍地面应具备下列基本要求:坚实、致密、不硬、不滑;有足够的抗机械能力与抗各种消毒方式的能力;导热性小,不透水,易清扫和消毒;具有一定的坡度,保证粪尿及污水及时排走。

(7)鸡舍跨度　鸡舍的跨度大小取决于鸡舍的类型、舍顶的形式和饲养方式等。开放式鸡舍跨度不宜过大,密闭式鸡舍跨度可大些;单坡式与拱式鸡舍跨度不能太大,双坡式和平顶式鸡舍可大些。笼养鸡舍跨度的大小是由鸡笼安装的组数、排列方式和通道的宽度决定。平养鸡舍则要根据饲养规模、供水、供料系统,经济有效地利用地面为原则决定其跨度。常见鸡舍的跨度为:密闭式鸡舍 12～15 米;开放式鸡舍 6～9 米。

(8)鸡舍长度　鸡舍的长短主要由饲养方式、跨度和机械化管理程度等条件决定。为便于管理,平养鸡舍不要太长,笼养鸡舍可适当加大长度;若为跨度 6～9 米的鸡舍,长度一般为 30～60 米;跨度 12～15 米的鸡舍,长度一般为 70～80 米。机械化程度较高的鸡舍,一般不宜超过 100 米,否则,机械设备的制作与安装难度大,材料不易解决。

(9)鸡舍高度　鸡舍的高度应根据气候条件、饲养方式与跨度而确定。若平养方式、跨度不大或在温暖的地区,鸡舍屋檐高度为 2.2～2.6 米;多层笼养、跨度大、气候较热的地区,为有利于通风防暑,鸡舍的高度应适当增大,以 3 米左右为宜,或者最上层的鸡笼距屋顶 1～1.3 米为宜。

(10)舍内过道　舍内过道的设置必须便于饲养人员行走、工作操作和观察鸡群。过道的位置可根据鸡舍的跨度而定,跨度较小的平养鸡舍,过道可设在鸡舍的一侧,宽度 1～1.2 米;跨度大于 9 米时,过道设在中间,宽度 1.5～1.8 米。笼养鸡舍无论跨度多大,过道位置应根据鸡笼的排列方式而定,一般鸡笼之间过道宽度为 0.8～1 米。

(11)舍内间隔　为了便于观察鸡群、减少建筑投资、舍内通风等因素，将地面平养的鸡群分为若干小群。网上平养鸡舍最好用铁网或丝网作为间隔材料。一般来说，鸡舍跨度 9 米以内，每 2 个自然间一隔，跨度 12 米的以 3 间为一隔。笼养鸡舍为安装鸡笼或饲养员操作方便，不必隔间。

(12)操作间　操作间是饲养员进行操作和存放工具的地方。操作间可设在鸡舍的一端，若设在鸡舍两端，虽然操作方便，但目前鸡舍多采用纵向通风方式，风机多安装在鸡舍的一端，对通风造成不利的影响。因此，无论鸡舍长度如何，最好将操作间设在鸡舍的一端为好。

12. 鸡舍的间距有哪些要求?

鸡舍的间距是肉鸡场总体布置的一项重要内容，它不仅关系到肉鸡场的占地面积，还影响到场区小气候的改善。因此，鸡舍的间距应着重以防疫、排污、防火 3 方面要求为主，在总体设计布置中若能满足以上 3 方面的距离要求，其他方面也可满足。

(1)防疫要求　从防疫卫生角度确定鸡舍的间距，目的是避免或减少鸡舍之间的相互感染。通过通风经常排出大量的污浊空气，污浊空气常含有大量的饲料粉尘和微粒，为有利于卫生防疫，鸡舍排出的污浊空气不得进入相邻鸡舍。因此，从防疫要求确定鸡舍间距时，以 5 倍净高(鸡舍的净高)的间距即可满足卫生防疫要求，如以舍高为 3.0 米计，舍间距为 15 米。

(2)排污要求　为有利于改善鸡场的环境，有效地排除各栋鸡舍排出的有害气体及粪尿散发的难闻气味以及灰尘等污浊空气，确定鸡舍间距要考虑排污效果。作为场区的排污需要借助于自然通风进行，因此，要充分利用主导风向与鸡舍纵轴所形成的角度，在考虑节约占地面积满足场区排污需要的前提下，可适当减小鸡舍的间距。试验证明，若鸡舍长轴与主风向所夹角取 30～60°，采取 1.3～1.5 倍净高的鸡舍间距，也可达到排污的需要。所以要合理地组织场区通风，使鸡舍纵轴与主导风向呈一定的角度，从而以较小的鸡舍间距达到较好的排污效果。

(3)防火要求　防火间距取决于建筑材料、结构和使用特点，鸡舍的防火间距可参照民用建筑的防火间距规定，民用建筑的最大防火间距为12米。鸡舍建筑一般为砖墙、混凝土屋顶或木质屋顶并做吊顶，无须采用最大防火间距，多采用6～10米，相当于2～3倍净高。

此外，与确定鸡舍间距有关的还有日照因素。为保证充分采光，要求鸡舍与其相邻建筑物或树木间的距离不能小于建筑物和树木高度的2倍即2倍净高。

由此可见，鸡舍间距的确定，不能单纯从节约用地考虑，而必须综合防疫、防火、排污、通风和采光等因素。鸡舍的间距大小，从不同角度要求与鸡舍高度的比值各有不同，防疫间距因鸡舍形式的不同而有差异，综合各种因素的要求，鸡舍间距应不少于15米为宜。

13.怎样合理确定鸡舍的朝向？

鸡舍朝向的选择与鸡舍采光、通风等环境效果有关，通过合理地确定，以有利于改善舍内环境。

从采光方面考虑：太阳光具有很好的杀菌消毒作用，是鸡场排污、净化环境的有效“杀菌剂”，对舍内温度变化影响很大。各地太阳高度角因季节和地理纬度不同而略有差异。但总的看来，冬季日光斜射，太阳高度角小，夏季日光直射，太阳高度角大。太阳高度角大小不同，其辐射强度有很大的差别。

我国绝大部分地区处于北纬20°～50°，确定鸡舍适宜的朝向，应遵循有利于采光，改善舍内温度状况，取得冬暖夏凉的效果为原则。鸡舍采用东西走向，可根据当地情况向东或向西偏转10°～15°为宜，我国部分地区建筑朝向见表2-1。

表 2-1　全国部分地区建筑朝向表

地　区	最佳朝向	适宜朝向	不宜朝向
北京地区	南偏东或西各 30°以内	南偏东或西各 45°以内	北偏西 30°
上海地区	南至南偏东 15°	南偏东 30°、南偏西 15°	北、西北
石家庄地区	南偏东 15°	南至南偏东 30°	西
太原地区	南偏东 15°	南偏东至东	西北
呼和浩特地区	南至南偏东、南至南偏西	东南、西南	北、西北
哈尔滨地区	南偏东 15°～20°	南至南偏东或偏西各 15°	西、西北、北
长春地区	南偏东 30°、南偏西 10°	南偏东或西各 45°	北、东北、西北
沈阳地区	南或南偏东 20°	南偏东至东、南偏西至西	东北、冬至西北、西
济南地区	南或南偏东 10°～15°	南偏东 30°	西偏北 5°～10°
南京地区	南偏东 15°	南偏东 25°、南偏西 10°	西、北
合肥地区	南偏东 5°～15°	南偏东 15°、南偏西 5°	西
杭州地区	南偏东 10°～15°,北偏东 6°	南偏东 20°以内	北、西、
福州地区	南、南偏东 5°～10°	南、南偏东 30°	西
郑州地区	南偏东 15°	南偏东 25°	西北
武汉地区	南偏西 15°	南偏东 15°	西、西北

续表 2-1

地　区	最佳朝向	适宜朝向	不宜朝向
长沙地区	南偏东 9°左右	南	西、西北
广州地区	南偏东 15°、南偏西 5°	南偏东 22°30′、南偏西 5°至西	—
南宁地区	南、南偏东 15°	南、南偏东 15°～25°、南偏西 5°	东西
西安地区	南偏东 15°	南、南偏西	西、西北
兰州地区	南至南偏东 15°	南、偏东或偏西各 30°	西、西北
银川地区	南至南偏东 23°	南偏东 34°、南偏西 20°	西、北
西宁地区	南至南偏西 30°	南偏东 30°至南偏西 30°	北、西北
乌鲁木齐地区	南偏东 40°、南偏西 30°	东南、东、西	北、西北
成都地区	南偏东 45°至南偏西 15°	南偏东 45°至东偏北 30°	西、北
昆明地区	南偏东 25°～56°	东至南至西	北偏东或西各 35°
拉萨地区	南偏东 10°、南偏西 5°	南偏东 15°、南偏西 10°	东、西
厦门地区	南偏东 5°～10°	南偏东 22°30′、南偏西 10°	南偏西 25°、西偏北 30°
重庆地区	南、南偏东 10°	南偏东 15°、南偏西 5°、北	东、西
青岛地区	南、南偏东 5°～15°	南偏北 15°至南偏西 15°	西、北
大连地区	南、南偏西 15°	南偏东 45°至南偏西、西	北、西北、东北

三、适度规模肉鸡场的环境保护

14. 肉鸡场绿化有什么好处?

绿化不仅可以美化环境,而且对改善场区环境具有重要的意义,在一定程度上起到保护环境的作用。

(1)改善场区小气候　绿化可明显地改善场区内的温度、湿度和气流等状况。夏季,树木和草地可阻挡和吸收太阳直接辐射。冬季,绿地的平均温度均比非绿地低,但最低温度较高,从而缓和了冬季严寒的气温日较差,气温变化不致太大。同时,树木阻风,减少冷空气的袭击。

(2)净化空气　植物进行光合作用,可从空气中吸收二氧化碳并放出氧气。许多植物且能吸收氨,据测定,有害气体流经绿化地带后,至少有25%被阻留净化。此外,绿化可使场区空气中的臭气减少50%、尘埃减少35%~67%,草地的减尘作用很显著,植物叶表面粗糙不平,有些植物的叶子还能分泌黏性油脂及汁液,除能吸附在空气中的灰尘外,尚可固定地面的尘土,不致飞扬。

(3)减少空气中细菌含量　植物可使空气中的灰尘数量大大减少,因而使细菌失去附着物,数量也相应减少;同时,某些树木的花、叶能分泌一种芳香物质,可杀死细菌、真菌等。空气中细菌数可减少22%~79%。

(4)减少噪声　植物对噪声具有反射和吸收作用,树叶的密度越大,则减音的效果也越显著。

(5)防疫、防火作用　鸡场外围的防护林带和各区域之间种植的隔林带,都可防止人员的任意往来,减少疫病的传染机会。树木枝叶含有大量的水分，又能起到很好的防风隔离作用，可以防止火灾蔓延。进行绿化的鸡场，可适当减少各建筑物之间的防火间距。

15. 肉鸡场常规消毒的方法有哪些？

(1)物理消毒法　应用物理因素清除或杀灭病原微生物及其他有害微生物的过程称物理消毒法。包括自然净化、机械除菌、滤过除菌、热力消毒、辐射灭菌、超声波和微波消毒等方法，此法主要用于设施、饲料、卫生器械等材料的消毒。

(2)机械消毒法　通过机械的方法从物体表面、水、空气、动物体表去掉或减少污染的有害微生物及其他有害物质，主要包括洗、刷、擦、抹、扫、浴及通风等方法。

机械性清除不能达到彻底消毒的目的，必须配合其他消毒方法进行，在清除之前，应根据清扫的环境是否干燥，病原体危害性的大小，决定是否需要先用清水或某些化学消毒剂喷洒，以免打扫时尘土飞扬，造成病原体散播。对清除的污物必须运到指定场所焚烧、掩埋或用其他方法使之无害化。

(3)化学消毒法　通过使用化学消毒剂直接杀灭病原微生物及其他有害微生物，达到预防和组织疫病发生、传播、蔓延的过程。消毒剂的种类主要有醛类消毒剂、酚类消毒剂、醇类消毒剂、季铵盐类消毒剂、过氧化物类消毒剂、含碘消毒剂、含氯消毒剂及其他化学消毒剂(如高锰酸钾、氢氧化钠等)。

选择消毒剂的原则：

①杀菌性能好，低浓度可迅速杀灭病原微生物。

②稳定性好，容易保存，无异味且可溶性好。

③对金属、塑料制品等无腐蚀性或腐蚀性小。

④使用安全，无易燃性和爆炸性。

⑤无毒副作用，刺激性小或无刺激性。

⑥价格低廉，容易购买。

使用消毒剂应注意的问题：

①配制剂量要准确，容器要干净。

②被消毒的物品和环境，在消毒之前要清洗或打扫干净。

③配制的消毒液应及时使用。

④容器中的消毒溶液不要装得过满。

⑤不要把 2 种不同的消毒剂混合在一起。

16. 肉鸡场常用的消毒药有哪些？如何使用？

消毒药在防治鸡病过程中具有很重要的作用，消毒药能杀灭环境中的病原微生物，减少其对鸡病的感染，定期进行消毒对防止鸡病具有积极作用。但同时也应注意长期使用消毒药，会有一定的毒副作用，主要表现为具有刺激性、腐蚀性，对环境产生污染等。鸡场常用的消毒药主要包括以下几种。

(1)甲醛溶液(福尔马林)　甲醛无论在气态或溶液状态下均能凝固蛋白质、溶解类脂，还能与氨基结合而使蛋白质变性。因此，具有较强大的广谱杀菌作用，对细菌繁殖体、芽孢、真菌和病毒均有效。福尔马林为 37%～40%的甲醛溶液。由于甲醛气体蒸发快，穿透力弱，因而用于表面消毒效果最好。

常用的方法为熏蒸消毒，适用于室内、器具的消毒，消毒前应先将鸡舍、器具打扫、清洗干净，温度应不低于 15℃，相对湿度 60%～80%，每立方米空间用甲醛溶液 20 毫升，加入等量水后，用加热的方法使甲醛变为气体熏蒸消毒，或者在福尔马林溶液中按 2∶1 的比例加入高锰酸钾以促进其挥发，消毒时间为 8～10 小时；也可用 2%福尔马林水溶液，通过浸泡或喷雾等方法可用于鸡舍、用具及器械的消毒。

甲醛对皮肤、黏膜及呼吸道有刺激作用，消毒后应打开门窗，加强通风换气。

(2)氢氧化钠(烧碱、苛性钠)　烧碱能溶解蛋白质，破坏病原体的酶系统和菌体结构，从而起到消毒作用，一般使用浓度为 2%～4%的水溶液，其杀菌作用受温度影响大，温度高则杀菌效果好，故常用其热溶液。可用于鸡舍及周围环境、饲料槽、非金属器具、运输工具等的消毒。

烧碱对机体和用具等有很强的腐蚀作用，使用时要小心。消毒后应间隔半天，用水冲洗地面及用具后，再将鸡移入。

（3）生石灰（氧化钙）　为价廉易得的良好消毒药，生石灰与水混合时生成熟石灰（氢氧化钙）以发挥其消毒作用，对大多数繁殖体型病原微生物有较强的杀灭作用，但对芽孢无效，一般配成10％～20％的石灰乳液涂刷鸡舍墙壁及地面消毒等，也可将生石灰直接洒在潮湿的地面、粪堆及鸡舍入口处作消毒用。

熟石灰可自空气中吸收二氧化碳生成碳酸钙沉淀，从而失去消毒作用，故石灰乳应现配现用。本品也有一定的腐蚀性，消毒待干后才能使用。

（4）过氧乙酸　过氧乙酸的消毒作用主要依靠它强大的氧化能力杀灭病原微生物，对各种细菌繁殖体、芽孢、病毒等都有很强的杀灭效果，较低的浓度就能有效地抑制细菌、霉菌繁殖。常用消毒剂量是：0.04％～0.2％溶液用于塑料、玻璃、搪瓷和橡胶制品及饲养人员手臂的短时间浸泡消毒；0.5％水溶液喷洒消毒鸡舍、饲槽、车辆等；0.3％溶液喷雾带鸡消毒鸡舍，其用量为每立方米空间30毫升；5％溶液每立方米2.5毫升喷雾消毒密闭的鸡舍、试验室、仓库等。

45％以上高浓度溶液遇热易发生爆炸，应避免震荡并避光保存。经稀释后的药液只能保存3～7天，故应现配现用。

（5）漂白粉　主要为次氯酸钙（32％～36％）、氯化钙（29％）、氧化钙（10％～18％）、氢氧化钙（15％）的混合物，漂白粉溶于水中形成次氯酸，由于氧化作用和抑制细菌的巯基酶而起消毒作用，对细菌、病毒、真菌等都有杀灭力。

常用作饮水消毒，按每立方米体积水中加入5～10克漂白粉，作用30分钟后即可饮用；1％～3％的现配溶液可用于非金属器具如饲槽、饮水器等消毒；10％～20％现配液可用于消毒鸡舍、粪池、车辆及排泄物。

本品应现配现用，对金属及衣物有轻度腐蚀性，对皮肤和黏膜有一定刺激性，消毒人员应注意防护。

(6)二氯异氰脲酸钠　为新型广谱高效消毒剂，易溶于水，产生次氯酸起消毒作用，对细菌繁殖体、病毒、真菌孢子和细菌芽孢都有较强的杀灭作用，并有净水、除臭、去污等作用。

0.5%～1%二氯异氰脲酸钠溶液可用于喷洒、浸泡、擦拭用具；5%～10%的溶液能杀灭芽孢，可用于地面消毒；干粉可用于粪便的消毒，用量为粪便的1/5；饮水消毒时，每升水用4毫克作用30分钟后可饮用。

(7)煤酚皂溶液(来苏儿)　为含煤酚50%的肥皂溶液制成，呈红棕色。是新型广谱、中等效力的消毒剂，可杀灭细菌、霉菌和病毒。1%～2%的溶液可用于手及器械的消毒；3%～5%可用于鸡舍、笼具、场地、车辆的喷雾消毒，严重污染的环境及病鸡排泄物可以适当加大浓度，增加喷洒次数。

由于本品为有机酸，因此，禁止与碱性药物及其他消毒药物混用。

17.做好肉鸡场的卫生安全应注意哪些要求？

作为一个肉鸡场加强疾病净化、有效地控制和减少疾病的发生，是有效地进行正常生产，取得高效益的前提保证。疾病防控是相当复杂的系统工程，不仅仅是禽病工作者的责任，更应将其作为日常行政管理工作。在生产过程中，应当树立全面、综合的防疫观念，将防疫作为最重要日常管理工作。对全场人员定期进行技术培训，宣传防疫知识；制定和监督执行防疫制度，健全生产全过程的防疫体系。

鸡场消毒是卫生防疫工作的重要部分。随着集约化经营的发展，消毒对保证鸡健康和正常生产具有重要意义。

(1)完善消毒设施　在场门口及各区域入口处，特别是生产区的入口处，以及各鸡舍门口处，应设相应的消毒设施，以便对进出的车辆及人员进行消毒。

车辆消毒池要有一定深度，深为0.3米，其长度应大于车轮周长的1.5倍，至少为3.5米，宽度为2.5米或比门口略为宽些。池内的消毒液可用3%～5%火碱水，药液在保持有效的前提下，至少每2周更换1次。

鸡舍进出口处消毒池长、宽和深分别为1.2米、1.0米和0.2米。池内的消毒液可用2%～3%的火碱水，在保持有效的前提下，每1～2天更换1次。

(2)加强环境消毒　场区的消毒是防止疾病发生和传播的有效措施，在生产过程中，应引起饲养管理者特别的重视。

场区内应无杂草、垃圾及杂物随意堆放，每月用3%～5%的火碱水泼洒场区2次。但在遇到转群、出栏等情况，对环境造成污染时，应进行必要地彻底消毒。

(3)强化人员的管理、树立综合的防疫观念　人员出入也常成为传播疫病的途径，因此，对于进入场区的人员应当严格控制。

对外来人员的要求：鸡场的出入口，平时应关闭。尽量减少各种来访人员，谢绝一切无关人员参观。若有来访人员，则必须保持来访人员的记录，采取必要的消毒后，方可进入管理区，一切外来无关人员均不得进入生产区，本场或需进场的外来人员进场前必须经兽医人员批准并进行消毒、更衣、换鞋帽。

对本场人员的要求：凡进入生产区的所有工作人员，必须事先登记，并在污染室内脱净衣物、鞋帽，放入指定柜子，然后进入淋浴室彻底洗澡淋浴，再到清洁更衣室，更换经过清洗、消毒过的专用工作服和鞋等，方可进入生产区。

进入生产区的人员，在工作中应注意以下问题。

①进出鸡舍的所有工作人员必须踩踏消毒盆，并把雨鞋刷净，不留杂物。

②消毒盆内的消毒液要经常更换，并且要加足消毒药。

③坚持岗位负责制，严禁饲养人员乱串鸡舍，以免造成交叉感染。

④如果主管人员1天内必须走访1个以上的鸡场，应尽力先

走访日龄最小的鸡群，最后走访有疾病问题的鸡群。

⑤工作人员离场时，不可逆行，应直接进入污染室更衣，而不应进入并污染清洁更衣室。

18. 怎样做好鸡场的空舍消毒？

消毒的目的在于杀灭污染场内环境、鸡体表面以及设备器具的病原体、病原微生物及其他有害微生物，切断传播途径，防止疾病的发生和蔓延。因此，鸡场消毒是卫生防疫工作的重要部分。随着集约化经营的发展，消毒对保证鸡只健康和正常生产具有重要意义。

任何规模和类型的养殖场，对空场舍在下次启用之前，必须进行全面彻底的消毒，而且还要空出一定时间（15～30 天或更长时间）。在此期间经多种方法消毒后，方可正常使用。鸡舍消毒分 3 步进行，第一步先进行机械清除、清扫；第二步是化学药物消毒；第三步进行熏蒸消毒。实践证明，鸡舍清扫、洗刷后再用化学药物喷洒等消毒，可减少病原体 90%以上。因此，应在生产中重视消毒。

（1）机械清除法　首先对空舍顶棚、墙壁、地面彻底打扫，对垃圾、粪便、垫草和其他各种污物全部清除，运到指定堆放点，生物热消毒处理。用常水洗刷料槽、水槽、围栏、笼具、网床等设施；最后冲洗地面、走道、粪槽等，待干燥后用化学法消毒。

（2）化学法喷洒　常用 2%碳酸氢钠、0.1%～0.2%次氯酸钠、3%～5%来苏儿、0.2%～0.5%过氧乙酸、20%石灰乳、5%～20%漂白粉等喷洒消毒。地面用药量 800～1 000 毫升/米^2，舍内其他设施 200～400 毫升/米^2。为了提高消毒效果达到消毒目的，空舍消毒应使用 2 种或 3 种不同类型的消毒药进行 2～3 次消毒。因为不同的病原体对不同的消毒剂敏感性不同，一次消毒不能杀死所有病原体。每次消毒要等到地面和物品干燥后进行下次消毒。必要时，对耐火烧的物品还可以使用酒精或煤油喷灯进行火焰消毒。

(3)熏蒸消毒法　常用28毫升/米^{3}福尔马林熏蒸,最好密闭1～2周。或每立方米按28毫升福尔马林和14克高锰酸钾的比例进行熏蒸。后一种熏蒸法,具有释放蒸气快,密封时间短的优点,但费用高、墙壁及顶棚易被熏黄(用等量生石灰代替高锰酸钾可消除此缺点)。任何一种熏蒸消毒完成后,都要进行通风换气,排除舍内的异味。

19.怎样做好鸡舍内的带鸡消毒?

带鸡消毒是控制鸡舍内环境污染和疫病传播的有效手段之一,采取带鸡消毒能及时有效净化鸡舍内的空气,杀灭鸡舍内空气及生活环境中的病原微生物,消除鸡群暴发疾病隐患,达到预防疾病的目的。

在生产中,为做好带鸡消毒工作,应注意以下问题。

(1)消毒药物的选择　消毒药必须刺激性小、无腐蚀性和无毒无害,并且具有广谱、高效、强力的特性。如常使用的药物主要有0.025%百毒杀、0.1%新洁尔灭、0.2%～0.3%次氯酸钠和过氧乙酸等。在使用过程中,为防止长期使用一种消毒剂降低杀菌效果或产生耐药性,影响消毒效果,可选用不同类型的消毒剂,交替使用,每月要更换1次。

(2)带鸡喷雾消毒的次数　一般应根据鸡群日龄来确定,1～20日龄的鸡群可3天消毒1次,21～40日龄的鸡群隔天消毒1次。

(3)科学合理的配制药液　配制消毒液时,宜选用深井水或自来水。喷雾量以鸡体和笼潮湿为宜,不要喷得太湿,一般喷雾量以鸡舍每立方米空间约15毫升计算,夏季要用凉水,尤其是炎热的天气,消毒时间可选在一天中最热的时间,以便消毒的同时也起到防暑降温的作用。以在气温高的中午和下午进行或选在晚上,平养鸡应选在灯光调暗或关灯后鸡群安静时进行。

(4)消毒时要有针对性　应根据鸡日龄(如4～7周龄雏鸡用

0.1%过氧乙酸,7～20 周龄用 0.2%过氧乙酸,成鸡用 0.3%过氧乙酸)、体质状况、季节传染病流行特点等因素考虑,这样才能达到防治疾病的目的。

(5)适宜的消毒时间　鸡群接种疫苗前后 48 小时内不可带鸡消毒。消毒的时间最好安排在鸡群休息或安静时进行,以避免在消毒时,造成鸡群惊吓,引起飞扑、骚乱而使舍内的灰尘增加或挤压等现象。

(6)合理的消毒方法　在喷雾消毒过程中,先内后外逐步喷雾,雾滴要细,喷头向上,不可直接喷向鸡体,距离鸡体 60～80 厘米,动作一定要轻、声音要小,避免引起鸡群大的骚动不安。

(7)消毒工具的选择　带鸡喷雾消毒可使用自动喷雾装置或背负、手摇喷雾器,雾滴大小控制在 80～120 微米。

(8)注意事项　酸性和碱性的药液不能同时应用,以免中和而降低药效,也不能错误配伍使用,以免失效,甚至引起中毒,而造成损失。

20.怎样做好肉鸡场的综合灭鼠除虫工作?

(1)除鼠　鼠类危害极大,不仅咬死咬伤雏鸡,窃食饲料,咬坏器物,污染饲料和饮水,而且还是许多疾病的传播者。必须严加防除。鼠不易被毒死,捕捉也很困难。我国常采用的灭鼠方法主要是用药物毒杀、捕捉器械等。药物灭鼠使用方便、成本低、见效快,但缺点是易造成二次中毒,有些鼠对药物有一定的选择性、拒食性和耐药性。所以在使用时应选好药剂和注意使用方法,以保安全。近年来,又有新的灭鼠方法,使用持续而无规律的高频振荡,使鼠产生无法克服的混乱,最终无力活动而被捕捉。

总之,对鸡场的灭鼠应给予足够的重视,只要坚持不懈地定期防鼠巡查,堵塞鼠洞,组织捕捉,加强防范,基本上是可以免除鼠害的。

(2)除虫　鸡场易滋生蚊、蝇等有害昆虫,这些昆虫是传播疾病的媒介,并骚扰人、鸡,还污染环境,影响周围居民的正常生活,为防止昆虫的滋生,应采取综合防除措施。

①保持环境的干燥、清洁。填平无用的沟坑洼地和污水坑,保持排水系统畅通,对暗沟、沟渠等定时疏通,勿使污水贮积。对污水池、粪池要密封加盖。

表 3-1　畜禽生产中常用的灭鼠药

剂量	有效成分	饵料类型
单剂量	溴敌隆	一头份抗凝血剂。每次投放 2～3 天后因内出血而导致死亡。通常配制为颗粒状灭鼠药或适用于任何气候条件下易于储藏的蜡质包装
	溴鼠隆	一头份抗凝血剂。每次投放 2～3 天后因内出血而导致死亡。通常配制为颗粒状灭鼠药或适用于任何气候条件下易于储藏的蜡质包装
	氟鼠定	一头份抗凝血剂。每次投放 7 天后因内出血而导致死亡。通常为颗粒状鼠药。饵料含同类灭鼠药有效成分的 1/2
	溴鼠胺	一头份中央神经系统毒物。投放 1 次(若剂量大)24 小时内因中央神经系统瘫痪而导致死亡。必要时投放 2～3 次
多剂量	氯鼠酮、敌鼠、鼠完、灭鼠灵	复合剂型抗凝血剂。持续投放 10～14 天后因内出血而导致死亡。通常为颗粒状或适用于任何气候条件下易于储藏的蜡质包装,也可为液体浓缩装

注:来源于 Watson,Wes 和 Stringham,Mike。

②妥善处理粪便,可防止昆虫在粪便中繁殖、滋生。对清除的粪便应及时送至粪池或堆积储存,减少粪便中水分,当粪便中的水分低于 50%时,蛆即不易滋生。

③使用化学灭虫剂。使用天然或合成的毒物,以不同的剂型(粉剂、乳剂、油剂、缓释剂、颗粒剂等),通过不同途径,毒杀或驱除蚊蝇。近年来,我国已生产出多种低毒高效的杀虫药剂,对鸡的健康及生产性能无影响,具有使用方便、见效快优点,是当前防除蚊

蝇的重要手段(表 3-2)。

④物理除虫。利用光、声、电等物理方法捕杀、诱杀或驱逐蚊蝇。我国生产的多种紫外线光或其他光诱器,如电气灭蝇灯,这种灯的中部安装有荧光管,放射对人、鸡无害,而对苍蝇有高度吸引力的紫外线。灯管的外围有格栅,通电后将 220 伏变为 5 500 伏的 10 安电流,当苍蝇进入并接触电丝时,则接通电路而被杀灭,落于悬吊在灯下的盘中。

表 3-2　家禽生产中常用的杀虫剂

活性成分	目的
氟氯氰菊酯	苍蝇、甲壳虫、臭虫、蟑螂、蜘蛛
甲奈威	甲壳虫、虱子、臭虫、寄生虫
灭蝇胺	苍蝇
氯氟氰菊酯	苍蝇、甲壳虫、臭虫
乐果	苍蝇
氰戊菊酯	苍蝇、甲壳虫、蜘蛛、蟑螂
马拉硫磷	苍蝇、虱子、臭虫
灭多威	苍蝇
毒死蜱	苍蝇、甲壳虫、蜘蛛、蟑螂
Nithiazine	苍蝇
Orthoboric acid	甲壳虫
氯菊酯	苍蝇、甲壳虫、臭虫、蟑螂、虱子、寄生虫
杀虫畏	苍蝇、甲壳虫、虱子、寄生虫
敌敌畏	苍蝇、臭虫

注:来源于 Watson,Wes 和 Stringham,Mike。

21. 怎样正确处理病死鸡尸体?

鸡的尸体与一般废弃物不同,因为能很快地分解腐败散发恶臭,污染环境,传播疾病。因此,应正确、及时、妥善处理,方法如下。

(1)堆肥法　是肉鸡场处理死鸡的最佳途径之一,若设计合理,不会造成对环境的污染,尤其是对地下水及空气的污染。堆肥设施建造的大小以鸡场的规模而定,如1万只的商品代肉仔鸡场,可建造高2.5米,地面面积为3.7米^{2}的空间。对死鸡的处理过程中,要做到堆积坑应防渗水、防雨淋;进行有氧发酵;整个处理过程应在30天内完成。

(2)土埋法　是用土壤的自净作用使其达到无害化。此法简单,但不理想,因其无害化过程缓慢,某些病原微生物能长期生存,从而污染土壤和地下水,并会造成二次污染,主要用于小规模的鸡场。若采用土埋时,应遵守以下卫生要求:要远离鸡舍、草地、居民点和水源;土壤干燥而疏松,掩埋深度不小于2米;为防止疾病传染,死亡的鸡尸四周应洒上消毒药剂;掩埋鸡尸的四周最好设有围栏并作上标记。

(3)焚烧法　焚烧法是一种传统的处理死鸡的方法,此法的优点是避免了对地下水的污染;仅有极少的残余物需要清除出场;缺点是此法成本比较昂贵,而且在焚烧时易造成对空气的污染。

总之,在处理病死鸡时,不论采用哪种方法,都必须将病死鸡的排泄物及各种废弃物等一并进行处理,以防造成环境污染。

22.怎样妥善处理肉鸡场的粪便?

为减少粪便对环境造成污染,充分利用粪便中丰富的营养和能量资源,必须通过适当的方法进行处理。在粪便处理方面,近些年来已经摸索了不少物理、化学、生物学及其综合处理的方法,用各种高效率的设备,系统地处理粪便,以达到净化防止污染的目的,并使其做到物尽其用。

粪便处理的方法很多,各有特点,并且多数均有成功应用的经验,现介绍如下。

(1)腐熟好氧堆肥法　是在好气微生物的作用下,将富含氮、碳有机物转化为腐殖质及有机残渣的过程。在堆肥发酵过程中,大量无机氮被转化为有机氮的形式固定下来,形成了比较稳定一致且基本无臭味的产物,即以腐殖质为主的堆肥。其方法主要有坑式堆肥、平地堆肥。

(2)腐熟厌氧堆肥法　将粪便堆积密封,在厌氧环境下,使有机物氧化分解,发酵腐熟,促使病原微生物死亡的一种处理方法。此种处理方法的特点是堆内温度较低,堆肥时间较长,需 4～6 个月;并且在堆肥过程中,易散发臭味,造成环境的污染。因此,在鸡场对粪便的处理过程中,此法一般不用。

(3)充氧动态发酵法　在供养充足及适宜的温度、湿度条件下,好气微生物迅速繁殖,将粪便中的有机物分解转化,同时释放出氨、硫化氢等气体,在 45～55℃下处理 12 小时左右,可得到灭菌、除臭的优质肥料和再生饲料。

此法的优点是:发酵速度快,效率高,处理时间短,粪便中的营养成分损失少,并且可较彻底地杀灭粪便中的病原菌及寄生虫卵。缺点是对粪便的含水量有一定的限制,在发酵处之前需经脱水降至 45%左右,并且在处理过程中的脱水作用小,发酵产品含水量高,不能长期储存;目前设备费和处理成本较高。

(4)发酵干燥处理法　为节省能源,充分利用发酵过程中自身产生的热量以及减少处理粪便的含水量,便于储存而采取的一种最有效的方法。

处理粪便量的多少可根据鸡场的规模灵活设计。如以一个长 10 米、宽 5 米、每层间隔 0.75 米的 6 层棚层为例,每天可处理鲜粪 24 吨,若把 4 个这种装置联合起来,每天可处理近 100 吨鲜粪。可使用于不同规模的肉鸡场。

此种处理方法的特点是:节省能源,发酵本身可提供总能量的 85%,处理后的鸡粪含水率低,便于储存,经过发酵干燥装置处理,可把含水率 60%的鸡粪干燥至 20%,甚至更低。因此,这种方法不论是从节省能源,减少投资,提高效益,还是从解决粪尿污染问题来讲，是当前最有效的方法之一。

(5)干燥处理法　粪便的主要成分是水，通过脱水干燥处理，使鸡粪中的水分迅速减少，含水量将到15%以下，不仅能更好地保存其中的营养物质，且微生物数量大大减少，无臭味，也便于运输和储存。因此，脱水干燥是一种较完善的处理方法。

太阳能大棚干燥法主要是利用粪便发酵产生的生物热能和太阳能所给予的热量。在处理过程中可采取人工铺粪，也可采取机械铺粪。专用的塑料大棚长度可根据本场饲养规模产粪便的多少而定。

(6)沼气处理法　沼气处理是利用厌氧菌对粪便及其他废弃物进行厌氧发酵的过程。采用水冲式清粪，这样得到的粪便含水量极高，采用其他方法(如堆肥法、干燥法等)难以处理，而沼气处理法可直接对这种水粪进行处理，这是此法最显著的优点。产生的沼气是一种高热值可燃气体，可作为燃料或供照明；残渣可作为肥料、饲料。沼气处理形成的沼液如果处理不当，再加上沼气池内残料、污水较难清除，湿料运输和利用困难，还会出现二次污染。

沼气处理是单纯能源利用转入综合利用一种有效方法，是解决环境污染，建立新的生态平衡、整体性良性循环的农业生产的发展方向。

四、适度规模肉鸡场的基本设施与设备

23. 鸡舍内的供热设备有哪些?

在肉仔鸡的生产过程中,必须采用一定的供温设备,如保温伞、红外线灯、火炕、烟道、煤炉子、暖气、热风炉等,可根据实际情况加以选用。选择合适的供热方式,以保证舍内适宜的温度。现介绍如下。

(1)电热保温伞 电热保温伞是平面育雏常采用的一种形式(图 4-1 和图 4-2),由热源和伞罩等组成,在伞形罩的下面装有电热板、电热丝或红外线灯管等,伞罩用金属板等材料制成,其功能是将热量集中向下辐射,并装有控温器用于调节伞下的温度,有的保温伞可以折叠起来。保温伞可以悬挂在房梁上,以便调节离地面的高度。

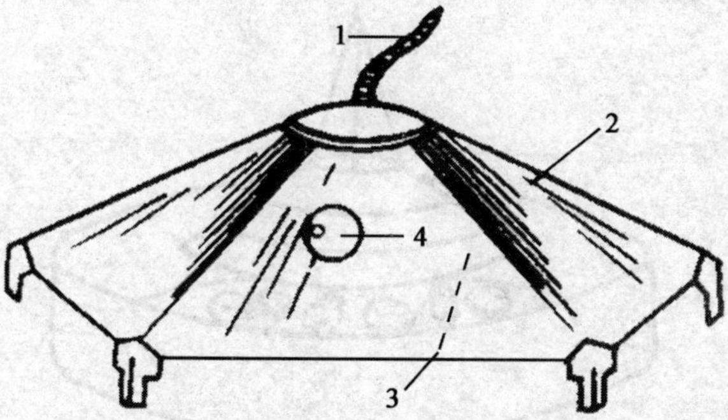

图 4-1 电热保温伞

1. 电源线 2. 保温伞 3. 电热丝 4. 调节器

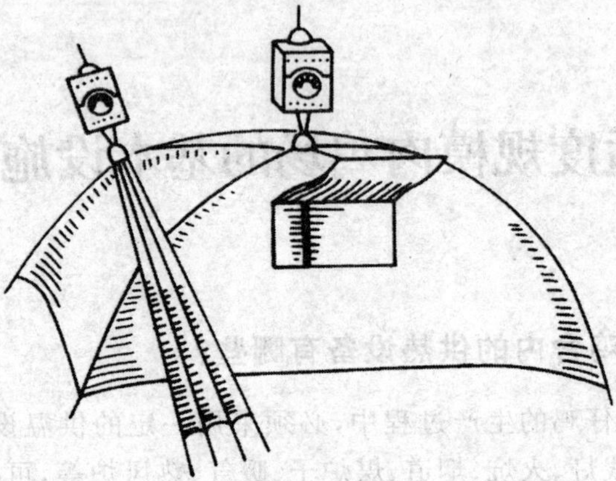

图 4-2　折叠式保温伞

优点是干净卫生，雏鸡可在伞下自由进出，寻找适宜的温度区域。保温伞一般离地面 10 厘米左右，伞下所容鸡的数量可根据伞罩的直径大小而定，见表 4-1。使用保温伞时，要求室温达到 20～27℃。最初几天内，为限制雏鸡的活动范围，便于采食、饮水，应在伞外 100 厘米处设置 50～60 厘米高的护栏，7～10 天后再撤除，见图 4-3。

图 4-3　保温伞外的围栏示意图

表 4-1　电热伞育雏容纳雏鸡数

伞罩直径(厘米)	100	130	150	180	240
15 天内容鸡量(只)	300	400	500	600	1 000

(2)红外线灯　利用红外线灯做热源,开始时一般离地面 35～50 厘米,随着鸡龄增加,逐渐提高灯泡高度或逐渐减少灯泡数量,以逐渐降低温度。红外线灯也可在育雏笼内使用。一般一个功率为 250 瓦的灯泡,可供 100～250 只雏鸡保温。此法室内清洁,垫料干燥,但耗电多,灯泡易损,此法与火炉或地下烟道供温方法结合使用,效果更好。

(3)火炕烟道　火炕或烟道分地上和地下 2 种。这种方式是我国农村普遍使用的一种育雏供暖方法,可就地取材,投资少,简单易行。烟道建在育雏室内,一端砌有炉灶,用煤或柴作燃料;另一端砌有烟囱,烟囱高出屋顶 1 米以上。通过烟道把炉灶和烟囱连接起来,通过烟道散热提高室温。地上式是把烟道砌在地面上,操作不便,消毒也较困难,一般用于地下水位较高的地区,见图 4-4。地下式是把烟道埋在地面以下,便于操作,散热慢,保温时间长,耗燃料少,且热量从地下面上升,地面和垫料暖和干燥,适合于雏鸡伏卧地面休息的习性,育雏效果较好。

图 4-4　地上烟道育雏示意图

(4)火炉　可用铸铁或铁皮火炉，如图 4-5 和图 4-6 所示。用管道将煤烟排出室外，以免室内有害气体积聚。此法适合于各种育雏方式，但室内较脏，空气质量不佳，尤应注意适当通风，防止煤气中毒。

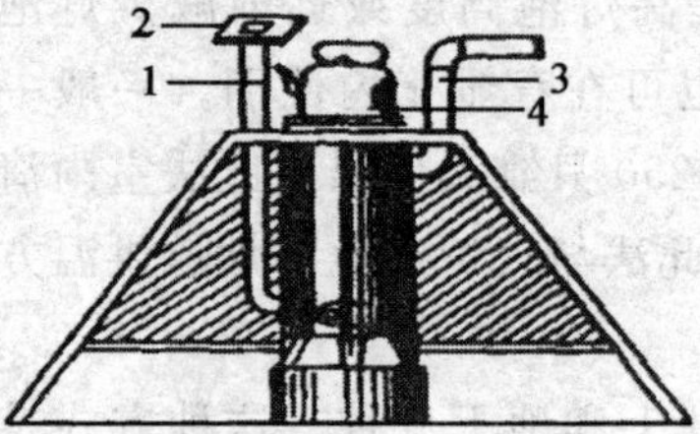

图 4-5　煤炉供温器

1. 进气管　2. 玻璃板　3. 出气烟管　4. 水壶

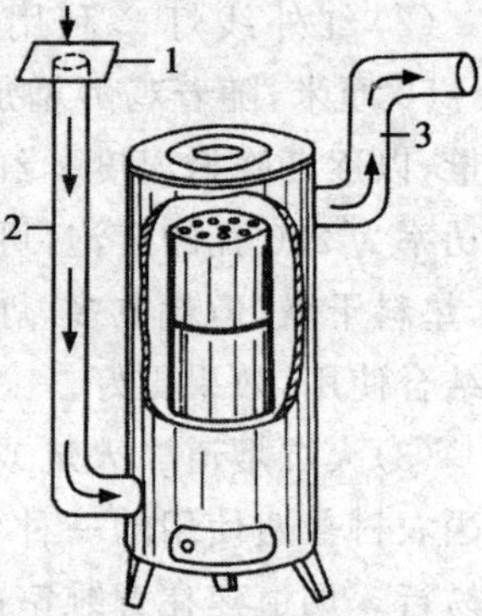

图 4-6　煤饼炉保温示意图

1. 玻璃盖　2. 进气孔　3. 出气孔

(5)热风炉　将火炉设在房舍一端，经过加热的空气通过管道上的小孔散发进入舍内，空气温度可以自动控制。例如，9RG-10 热风供暖配套设备，热风炉发热量为 439.5 千焦/小时，轴流风机的功率为 0.75 千瓦，排热风量为 600 米^3/小时，热风温度为 45～55℃，采用正压通风，热风散入室内，使室温升高，热气清洁，适合育雏保暖。

(6)热水或热气供暖　依靠热水或热气，通过管道和散热片向育雏室供暖。水暖型主要以热水经过管网进行热交换，升温缓慢，但保温时间长，鸡舍内温湿度适宜，操作安全。气暖型管网以气进行热交换，升温快，鸡舍内空气较干燥，降温也快。育雏室供温以水暖型为宜，如网上平养，供暖系统可设置在网下，热空气上升，正适合雏鸡需要，此法适于较大规模的养鸡场，育雏舍温度稳定，空气新鲜。这种方法常与电热保温伞或红外线供热配合使用。

24. 肉鸡的饲喂设备有哪些？

喂料设备使用的数量要充足，能满足鸡只的需要，使每只鸡都能同时采食。结构合理、大小适当，应根据雏鸡日龄的大小及时更换，使之与雏鸡的大小相匹配，并且尽可能地减少饲料浪费。

(1)贮料塔　贮料塔的形状为上部为圆柱形，下部为圆锥形，多用 1.5 毫米厚的镀锌薄钢板冲压组合而成，以利于卸料，容积的大小，以鸡舍饲养的数量而定。贮料塔放在鸡舍的一端或侧面，贮装的饲料应不少于 2 天的饲喂量。给鸡群喂料时，输料机将饲料送往鸡舍内的喂料机，再由喂料机将饲料送至饲槽，供鸡自由采食。贮料塔的供料过程如图 4-7 所示。

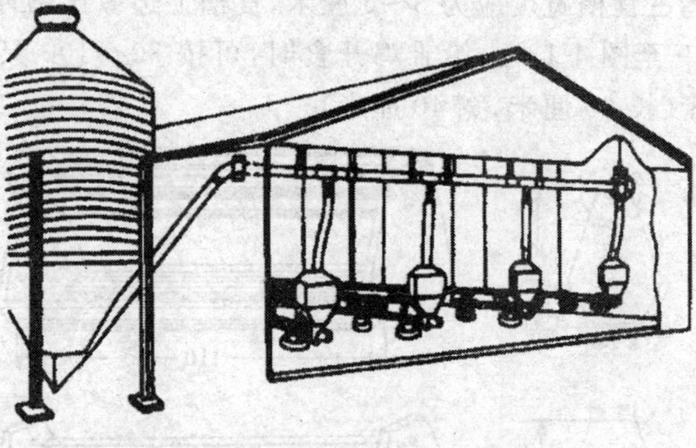

图 4-7　平养肉鸡舍贮料塔的供料过程

(2)输料机　生产中常见的有螺旋搅龙式输料机和螺旋弹簧式输料机等。螺旋搅龙式输料机的叶片是整体的，生产效率高，只能作直线输送，输送距离也不能太长。将饲料从贮料塔送往各喂料机时，需分成 2 段，使用 2 个螺旋搅龙式输料机；螺旋弹簧式输料机可以在弯管内送料，不必分成 2 段，可以直接将饲料从贮料塔底送到喂料机，如图 4-8 所示。

(3)料槽和料桶　种类和形式有很多种。要求数量充足，结构

图 4-8　笼养肉鸡舍贮料塔的供料过程

合理，平整光滑，采食方便，不浪费饲料，高低大小适当，便于清洗和消毒。制作材料可选用木板、镀锌铁皮及硬质塑料等。育雏期每只雏鸡占食槽宽度应为 3～6 厘米，食槽上边缘比鸡背略高 2 厘米（图 4-9 至图 4-13）。给雏鸡开食时，可按 80～100 只共用 1 个开食料盘（长 60 厘米，宽 40 厘米）。

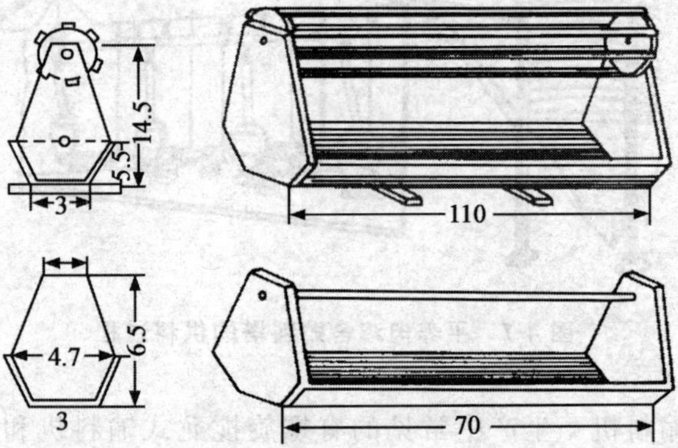

图 4-9　鸡的木制料槽式样（单位：厘米）

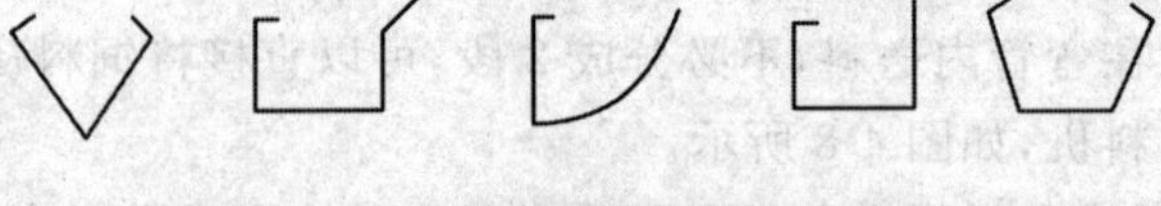

图 4-10　各种船形饲槽横断面示意图

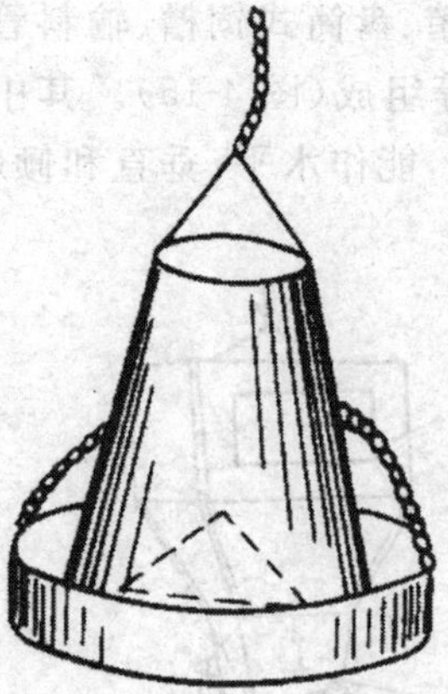

图 4-11　圆形吊桶式料具

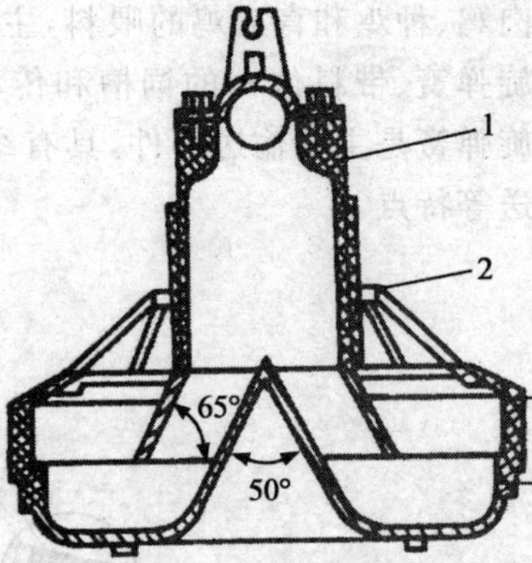

图 4-12　盘筒式饲槽

1. 料桶　2. 栅架　3. 外圈　4. 饲槽

图 4-13　鸡的食槽安装高度

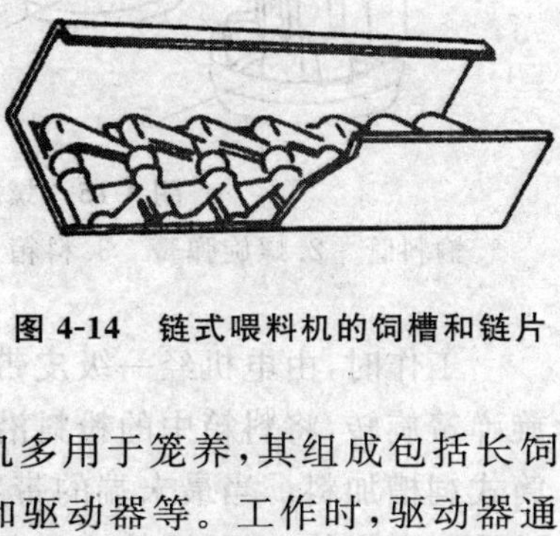

图 4-14　链式喂料机的饲槽和链片

(4)链式喂料机　链式喂料机多用于笼养，其组成包括长饲槽、料箱、链片(图 4-14)、转角轮和驱动器等。工作时，驱动器通过链轮带动链片，在长饲槽内循环回转。当链片通过料箱底部时将饲料带出，均匀地运送到长饲槽。为防止饲料浪费，在料箱内加回料轮，回料轮由链片直接带动，并将剩余饲料带回料箱。驱动功率为 0.75 千瓦，减速器的减速比为 1∶(80～100)，链条线速度为 6～7 米/分钟，输料量为 200 千克/小时左右，喂料线长度可根据鸡舍的长度而定，最大可达 300 米。

(5)螺旋弹簧式喂料机　螺旋弹簧式喂料机多用于平养的商

品肉鸡、种鸡和育成鸡的喂料，主要由料箱、盘筒式饲槽、输料管、螺旋弹簧、带料位器的饲槽和传动装置等组成(图 4-15)。其中，螺旋弹簧是主要输送部件，具有结构简单，能作水平、垂直和倾斜输送等特点。

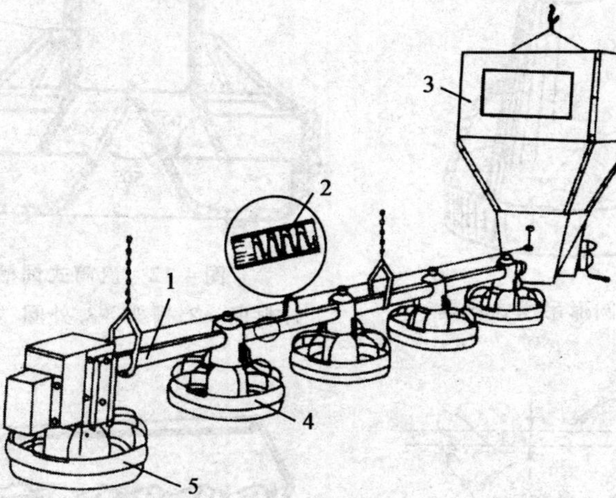

图 4-15　螺旋弹簧式喂料机

1. 输料管　2. 螺旋弹簧　3. 料箱　4. 盘筒式饲槽　5. 带料位器的饲槽

工作时，由电机经一级皮带传动，将动力传至驱动轴，带动螺旋弹簧旋转，将料箱中的粉料沿输料管螺旋式推进，依次向每个盘筒式饲槽加料。当最末端的带料位器的饲槽被加满后，料位器自动控制电机使之停转，停止供料。当带料位器饲槽中的饲料被鸡采食后，饲料高度下降到料位器控制的位置以下时，电路重新接通，电机又开始转动，螺旋弹簧又依次向每个盘筒式饲槽补充饲料，如此周而复始地进行工作。

9WT-60P 喂料机的螺距为(60±5)毫米，螺旋弹簧的外径为(45±2)毫米，转速为 350 转/分钟，每小时可输送配合饲料 600 千克，配套动力为 1.1 千瓦，喂料线的最大长度为 60 米，挂 91 只饲盘,可喂养肉鸡 2 200～3 200 只。

①料盘:适用于雏鸡饲养,面积的大小可根据雏鸡的数量而定,一般为 50～80 只/个,有圆形、方形等不同形状,圆形直径为 35 厘米或 45 厘米;长形的为 40 厘米×60 厘米。

②料槽:常用的制作材料有硬塑料板、镀锌板或木板。各种材料制作的料槽各有特点,硬塑料料槽,价廉易于消毒,但使用寿命短;镀锌板料槽,使用寿命长,易消毒,但造价高;木制料槽价廉,制作方便,但不易消毒。常用料槽的规格随鸡的大小不同而有差别,雏鸡用槽底宽 5～7 厘米,上口宽 10 厘米,高 5～6 厘米;中雏用槽上口宽 15～18 厘米,高 10～12 厘米,槽底长 70～80 厘米;大雏用料槽底长 110～120 厘米。

③料桶:适用于平养,料桶一般为塑料和玻璃钢等材料,其特点是一次可添加大量饲料,储存于桶内,减少喂料的次数。要根据饲养要求、体重情况,按标准供料。料桶容重 3～10 千克,可根据雏鸡的大小需要灵活选用。

需要注意的是:容量小,供料次数和供料点多,可刺激食欲,以有利于鸡的采食和增重;容量大,可以减少喂料次数和对鸡群的干扰,但由于供料点少,造成采食不均匀,将会影响鸡群的整齐度。

④索盘式喂饲机:主要由驱动机构、索盘、输料管、料斗、转角轮和盘筒式饲槽组成。索盘是该设备的主要部件,它由一根直径 5～6 毫米的钢丝绳和若干个塑料塞盘组成,塞盘采用低温注塑的方法等距离 50～100 毫米地固定在钢丝绳上。工作时由驱动机构带动索盘,索盘通过料斗时将饲料带出,沿输料管输送,再由斜管送入盘筒式饲槽,管中多余饲料由回料管进入料斗。

索盘式喂饲机的优点是饲料在封闭的管道中运送,不浪费饲料,清洁卫生;工作时平稳无声,不惊扰鸡群;可进行不同角度的送料操作,如水平、垂直与倾斜输送;运送距离长,可达 300～500 米。缺点是当钢索折断时,修复困难,因而要求钢索有较高的强度。此喂饲机既可用于平养,也可用于笼养。

⑤螺旋弹簧式喂饲机:由料箱、盘筒形饲槽以及螺旋弹簧的输料管组成。工作时,饲料由舍外的贮料塔送入料箱,而后由螺旋弹簧将饲料沿着管道推送,依次向套接在输料管道出口下方的饲槽装料,当最后一个饲槽装满时,限位控制开关开启,使喂饲机的电动机停止转动,即完成一次喂饲(图 4-16)。

其优点是结构简单,便于自动化操作和防止饲料被污染,螺旋弹簧式喂饲机一般只用于平养鸡舍。

⑥链板式喂饲机:主要是由驱动机构、链板、长饲槽、转角轮、料箱、饲料清洁筛、饲槽支架等组成。该设备的主要部件是链板,它由若干链板相连而构成一封闭环。链板的前缘是一铲形斜面,当驱动机构带动链板沿饲槽和料斗构成的环路移动时,铲形斜面就将料斗内的饲料推送到整个长饲槽,鸡就在带链板的饲槽内采食(图 4-17)。

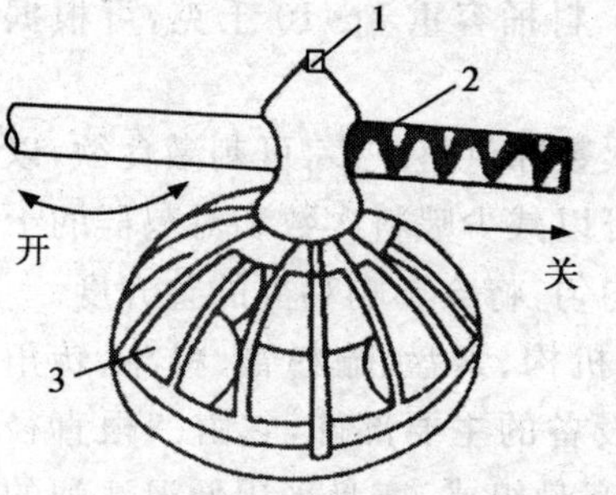

图 4-16 螺旋弹簧式喂料机示意图

1. 吊挂 2. 弹簧 3. 筒饲盘

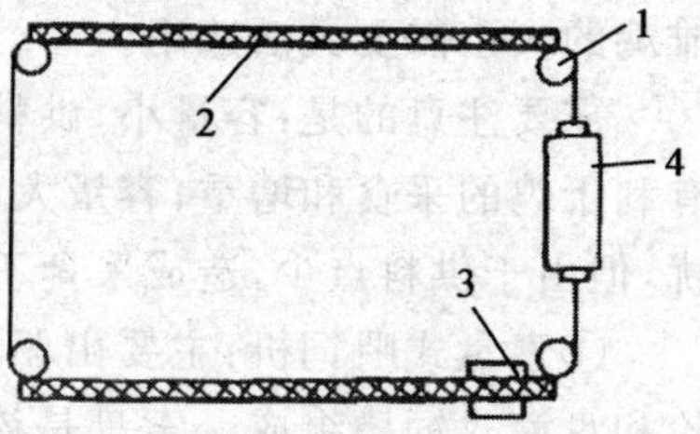

图 4-17 链式喂料示意图

1. 转角启动齿轮 2. 食槽 3. 清洁器 4. 驱动机及料箱

链板式喂饲机可用于平养和笼养。据运行速度可分为高速链式喂料机(18～24 米/分钟)和低速链式喂料机(7～13 米/分钟),在链片节距上又分为 42 毫米和 50 毫米 2 种。在平养鸡舍中,根据不同的跨度也可采用单线或双线的不同形式。一般跨度在 7 米左右的肉鸡舍用单链,跨度在 10 米左右的肉鸡舍常用双链。链板式喂饲机的优点是结构简单、工作可靠。缺点是饲料易被污染和产生粉料。

25. 肉鸡的饮水设备有哪些?

饮水设备应保证鸡只随时都可饮到充足的清洁水,应渗漏少,蒸发面积小,以有利于控制鸡舍内的湿度,避免疾病传播,同时能减少水的消耗。目前,生产中常使用的饮水器有以下几种。

(1)槽式饮水器　主要有常流水式、浮子阀门式、弹簧阀门式等形式。

①常流水式长水槽:如图 4-18 所示,在水槽的一端安装一个经常开着的水龙头;另一端安装一个溢流塞和出水管,用以控制液面的高低。清洗时,卸下溢流塞即可。

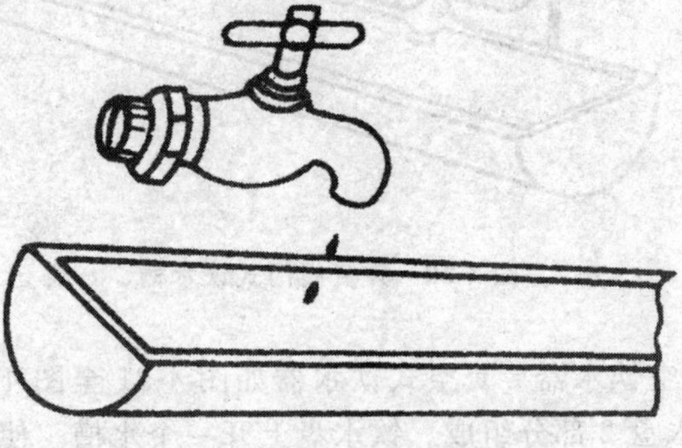

图 4-18　长流水式饮水槽

②浮子阀门式长水槽:如图 4-19 所示,水槽一端与浮子室相连,室内安装一套浮子和阀门。当水槽内水位下降时,浮子下落将阀门打开,水流进水槽;当水面达到一定高度后,浮子又将阀门关闭,水就停止流入。

③弹簧阀门式长水槽:如图 4-20 所示,整个水槽吊挂在弹簧阀门上,利用水槽内水的重量控制阀门启闭。

图 4-19　浮水阀门式饮水槽

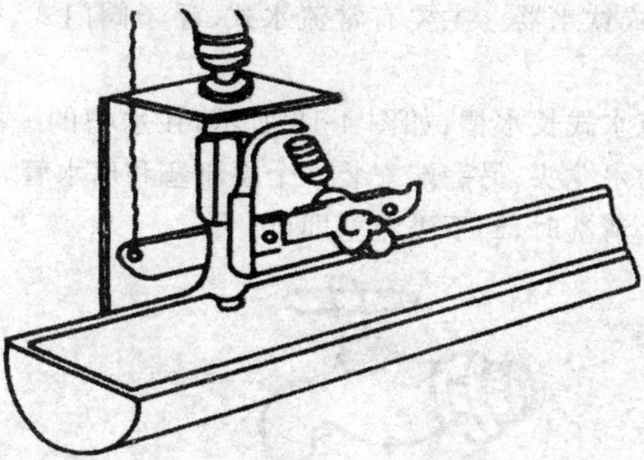

图 4-20　弹簧阀门式饮水槽

(2)真空饮水器　真空式饮水器如图 4-21 至图 4-23 所示,由水罐和饮水盘 2 部分组成。饮水盘上开一个水槽。使用时将水罐倒过来装水,再将饮水盘倒覆其上,扣紧后一起翻转 180°放置地面。水从出水孔流出,直到将孔淹没为止。这时外界空气不能进入水罐,使罐内水面上空产生真空,水就不再流出。当雏鸡从饮水盘饮去一部分水后,盘内水面下降,当水面低于出水孔时,外界空气又从出水孔进入水罐,使水罐内的真空度下降,水又自动流出,直到再次将孔淹没为止。这样,饮水盘中始终能保持一定量的水。真空饮水器如需吊挂使用,水槽与水盘需要用螺扣连接或用其他方式固定。

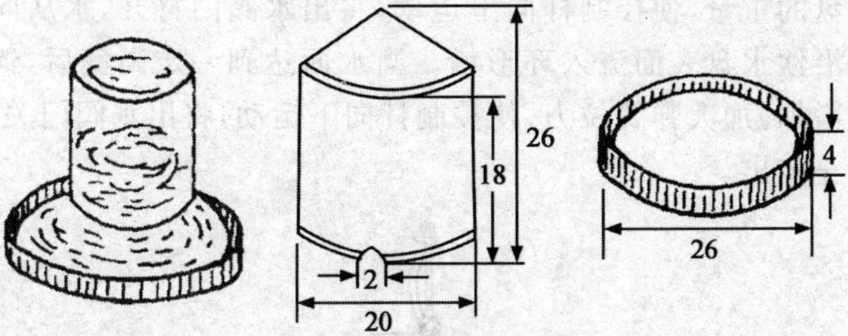

玻璃饮水器　　　　铁皮饮水器（厘米）

图 4-21　自制饮水器

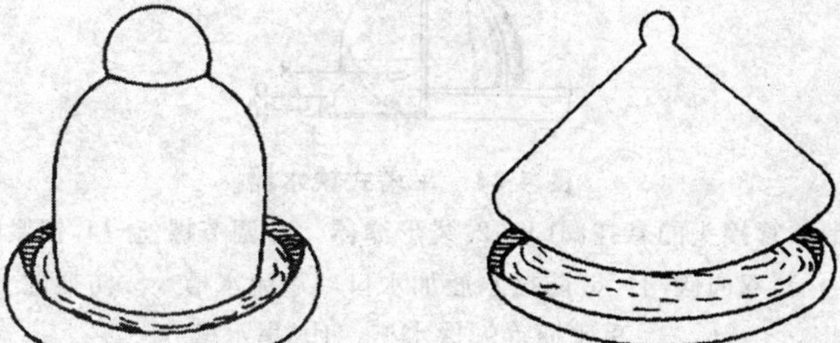

图 4-22　钟形饮水器

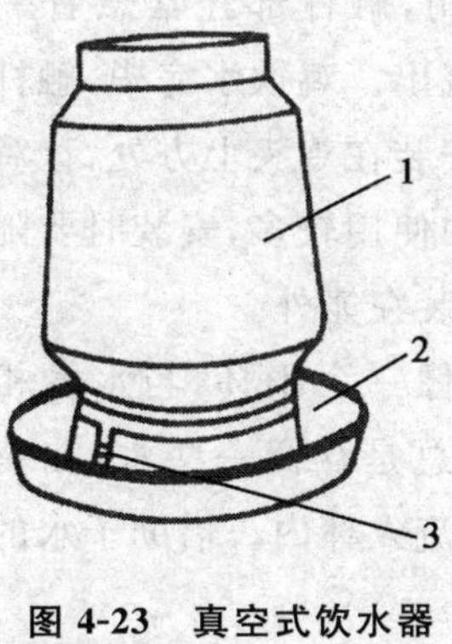

图 4-23　真空式饮水器

1. 水罐　2. 饮水盘　3. 出水孔

(3)吊塔式饮水器　吊塔式饮水器吊挂在鸡舍内，不妨碍鸡的活动，多用于平养鸡，其组成分饮水盘和控制机构 2 部分(图 4-24)。饮水盘是塔形的塑料盘，中心是空心的，边缘有环形槽供鸡饮水。控制出水的阀门体上端用软管和主水管相连；另一端用绳索吊挂在天花板上。饮水盘吊挂在阀门体的控制杆上，控制出水阀门的启闭。当饮水盘无水时，重量减轻，弹簧克服饮水盘的重量，使控制杆向上运动，将出水阀门打开，水从阀门体下端沿饮水盘表面流入环形槽。当水面达到一定高度后，饮水盘重量增加，加大弹簧拉力，使控制杆向下运动，将出水阀门关闭，水就停止流出。

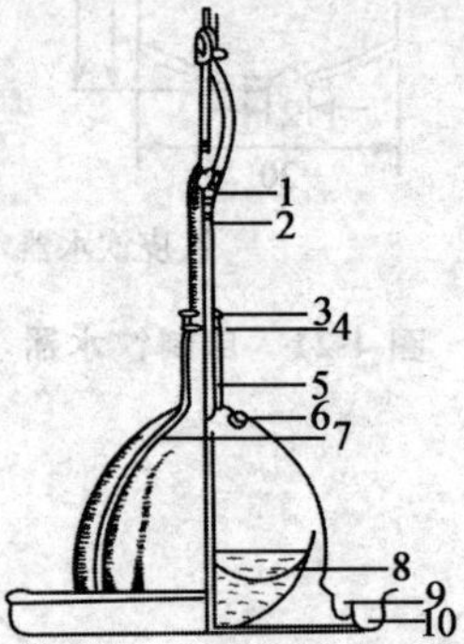

图 4-24　吊塔式饮水器

1.带软管接头的悬挂阀门　2.袋形滤器　3.调节螺丝　4.锁紧螺母　5.双向阀门　6.防摆水瓶加水口　7.流水槽　8.防摆配重水瓶　9.饮水槽　10.集水槽

(4)乳头式饮水器　乳头式饮水器由阀芯和触杆构成，直接同水管相连(图 4-25)。由于毛细管的作用，触杆部经常悬着一滴水，鸡需要饮水时，只要啄动触杆，水即流出。鸡饮水完毕，触杆将水路封住，水即停止外流。这种饮水器安装在鸡头上方处，让鸡抬头喝水。这种饮水器，在目前养鸡生产中使用较多，安装时要随鸡的大小变化高度，可安装在笼内，也可安装在笼外。

(5)杯式饮水器　杯式饮水器形状像一个小杯，与水管相连(图 4-26)。杯内有一触板，平时触板上总是存留一些水，在鸡啄动触板时，通过联动杆即将阀门打开，水流入杯内。借助于水的浮力使触板恢复原位，水就不再流出。

围栏内的料、水用具分布位置示意图见图 4-27。

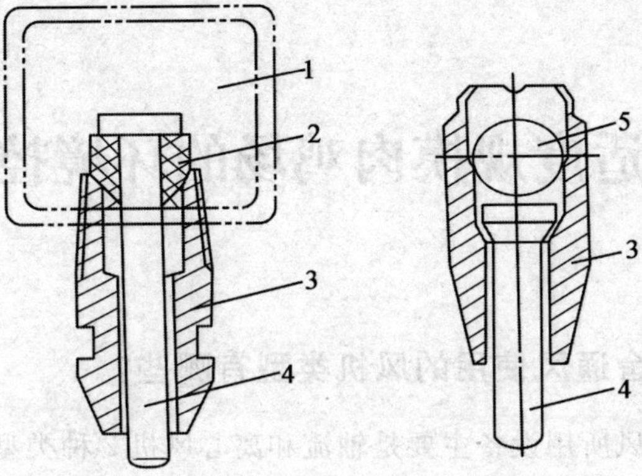

图 4-25 乳头式饮水器

a. 半封 b. 双封闭式

1. 供水管 2. 阀 3. 阀体 4. 触杆 5. 球阀

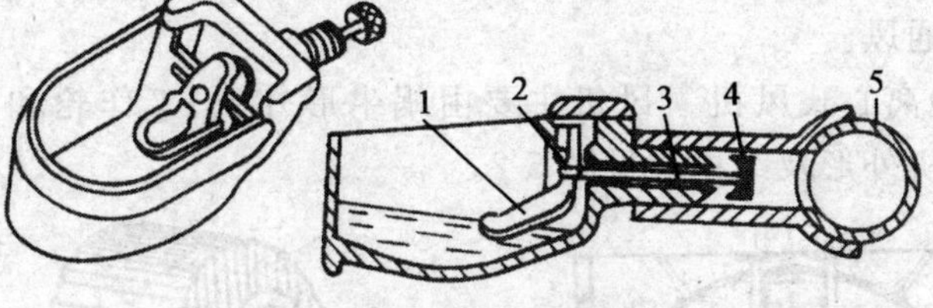

图 4-26 杯式饮水器

1. 触板 2. 板轴 3. 顶杆 4. 封闭帽 5. 供水管

五、适度规模肉鸡场的环境控制

26. 鸡舍通风使用的风机类型有哪些?

鸡舍通风所用设备主要是轴流和离心风机 2 种类型。

(1)轴流式风机　风机主要由外壳、叶片和电机组成,叶片直接安装在电机的转轴上。风机的结构和外形图参见图 5-1。

轴流式风机在工作时,风向与轴平行,叶片可以逆转,以改变输送气流的方向,而风量和风压不变,因此,既可用于送风,也可用于排风。该种类型的风机具有结构简单、风量大、噪声低、耗能少、安装维修方便、运行可靠等特点。在禽舍的通风换气过程中,多用于负压通风。

(2)离心式风机　风机主要由蜗牛形外壳、工作轮和机座组成。风机外形及结构参见图 5-2。

图 5-1　轴流式风机外形示意图

图 5-2　离心式风机外形示意图

1. 外壳　2. 工作轮　3. 机座　4. 进风口　5. 出风口

离心式风机工作时，空气从进风口进入风机，旋转的带叶片工作轮形成离心力将其压入外壳，而后再沿着外壳经出风口送入通风管道中。该种类型的风机具有不具逆转性，产生的压力较大。在禽舍的通风换气过程中，多用于正压通风，即多用于畜舍热风和冷风输送。

27.鸡舍在通风换气时应注意哪些问题？

确定合理的通风换气量是进行鸡舍通风换气的最基本的依据，在实际生产中，夏季可采用最大通风量，尽可能排除热能，降低舍温；冬季通风量，可采用最小通风量，通风系统尽可能多地排除产生的水汽及有害气体，而且尽可能少地带走热能。因此，在通风时应注意的问题如下。

①维持适中的舍内温度，通风前后不导致发生剧烈的变化。

②排除舍内过多的水汽，使空气中的相对湿度保持在适宜状态，防止水汽在物体表面上凝结。

③要求舍内气流均匀，不形成贼风、死角。

④减少舍内空气中的灰尘、微生物及有害气体和恶臭。

28.鸡舍通风换气的方式有哪些？

鸡舍通风换气的方式可分为自然通风和机械通风 2 种。

（1）自然通风　自然通风是指不需要机械设备，借助于自然的风压和热压，产生空气流动，通过鸡舍外围护结构空隙所形成的空气交换。自然通风可分为无管道和有管道 2 种形式。无管道自然通风是靠门、窗进行通风换气。它仅适用于温暖地区或寒冷地区的温暖季节。而在寒冷地区的封闭舍中，为保温须将门、窗紧闭，要靠专门通风管道进行换气。

（2）机械通风　由于自然通风受诸多因素的影响，特别是气候与天气条件的制约，不可能保证封闭式鸡舍经常的充分换气。因此，为建立良好的鸡舍环境，以保证鸡健康及生产力的充分发挥，在高密度饲养的鸡舍中应实行机械通风。按风机类型可分为负压、正压和联合通风 3 种形式。而按通风时气流方式又可分为纵向通风和横向通风 2 种类型。

①正压通风：又称进气式通风或送风。是指通过风机将舍外新鲜空气强制送入舍内，使舍内压力增高，舍内污浊空气通过风口或风管自然排出的换气方式。优点在于对送入的空气预先进行加热、冷却及过滤等处理，有效地保证舍内适宜的温度、湿度和清洁空气。在严寒、酷热地区均适用。但这种通风方式比较复杂，造价高，管理费用也大，适合高密度工厂化饲养，尤其是全重叠多层笼养鸡舍。

②负压通风：又称排风式通风或排风。是指利用风机抽出舍内污浊空气，由于舍内空气被抽出，变成空气稀薄的空间，压力相对小于舍外，新鲜空气通过进气口或进风管流入舍内而形成舍内外空气交换。因为比较简单，投资少，管理费用也较低。成为广泛应用于封闭舍的通风方式。

③联合式通风：是一种同时采用机械送风和机械排风的方式。在大型封闭舍，特别是无窗鸡舍中，仅靠机械排风或机械送风，往往达不到应有的换气效果，需要采用联合式通风形式。此种通风方式虽然有利于对空气预热，冷却和过滤，但是通风方式比较复杂，造价高，管理费用也大。

④横向通风：横向通风的风机和进风口分别均匀地布置在鸡舍两侧纵墙上，空气从进风口进入后横穿鸡舍，由对侧墙上的排风扇抽出。横向通风方式的鸡舍在通风时舍内气流速度小，空气流动不均匀，死角多，降温效果差，空气不够清新，而且易造成鸡舍间疾病的相互交叉传染，因而在现代规模化养鸡生产中很少使用。

⑤纵向通风：纵向通风是在通风时，气流顺鸡舍长轴流动的一种有效地通风方式。其特点是舍内气流速度大，平稳无死角；降温效果好，避免了鸡舍间疾病的相互交叉传染；改善了生产区内的空气环境，保证了空气清新。同时，采用低压大流量节能型轴流式风

机，可大大减少风机的安装台数，且运行效果更高，省电，噪声低。生产上多采用纵向负压通风。

29. 鸡舍的降温设备与方式有哪些?

鸡舍常用的降温设备有湿帘风机降温系统、喷雾降温系统等。

(1)湿帘(或湿垫)风机降温系统　该系统由湿帘(或湿垫)、风机、循环水路与控制装置等组成，湿帘又称蒸发垫。根据制作的材料不同主要有白杨木蒸发垫、甘蔗渣蒸发垫、猪鬃蒸发垫和纸板波纹沟槽蒸发垫(图 5-3)等。目前国内使用比较多的是纸质湿帘，它具有设备简单、使用寿命长、降温效果好、安装方便、便于维护及运行经济等特点。

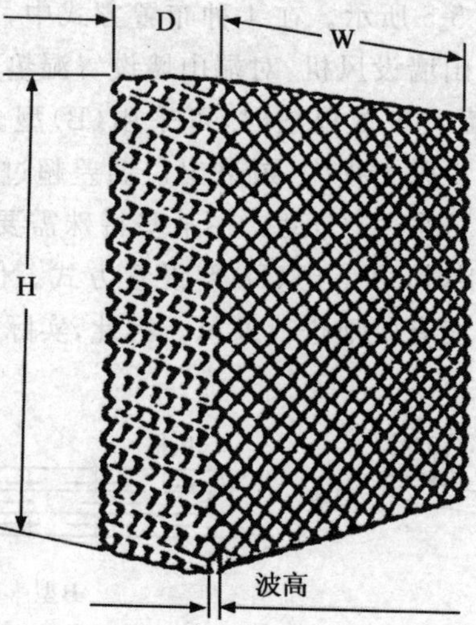

图 5-3　纸板波纹沟槽式蒸发垫外形示意图

湿帘-风机降温系统降温的原理：鸡舍外的空气被风机吸入，热空气通过多孔的湿帘迅速进入舍内。由于湿帘上的水分蒸发，而吸收空气的热量，致使进入鸡舍的热空气变凉，从而达到降低舍温的目的。湿帘降温效果的大小,同空气温度和相对湿度有关。因此,比较适合高温干燥地区(图 5-4)。

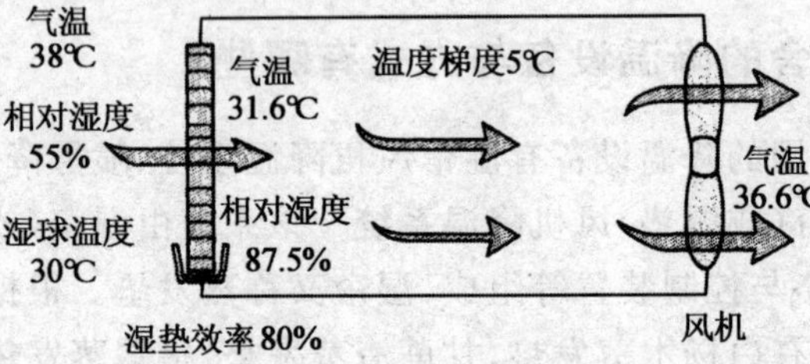

图 5-4 湿帘-风机系统降温示意图

湿垫-风机降温系统主要有(A)、(B)、(C)和(D) 4 种常采用的布置方式,如图 5-5 所示。在 4 种布置方式中,以(A)型纵向通风布置为好,一端山墙设风机,对端山墙设置湿垫。当一端设有工作间而不能在山墙上布置湿垫时,可采用(B)型。当鸡舍长度超过 100 米时,为减少阻力损失,或进出口温差超过 3℃以上而不能满足生产要求时,可采用(C)型。在某些特殊需要的情况下,实行纵向通风受到限制时,可考虑(D)型设置方式。但采用横向通风往往效果较差,不能有效地进行通风。因此,实际生产中较少采用此种通风方式。

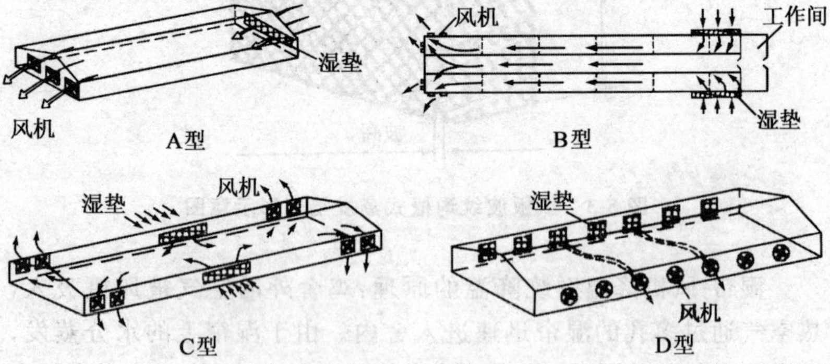

图 5-5 湿垫-风机降温系统布置图

湿垫-风机降温系统使用需注意的问题。湿垫是整个冷却系统的关键,每干、湿一次对其使用年限就会有所损害。因此,不可昼夜连续使用,应只在炎热的时间内使用,最好是在每天鸡舍温度要升高之前开始使用,这样可保持舍内一直处于凉爽状态,但风机不可停止的转动,以保持通风良好;为防湿垫中藻类生长和堵塞,在水中可添加 0.2～0.5 毫克/千克硫酸铜,同时每晚要使湿垫彻底干燥一次;控制循环水的水质,防止沙粒、金属粒、油污、毛等的堵塞。

(2)低压喷雾降温系统　常用的喷雾降温系统主要由喷头、水泵、水箱、过滤器、管路和控制装置组成,喷嘴安装在舍内,用高压水泵通过喷头将水喷成直径小于 100 微米雾滴,雾滴在空气中迅速汽化,借助汽化吸热效应而达到使机体散热和降温的作用。采取喷雾降温时,水温愈低、空气愈干燥,则降温效果愈好。

采用此种降温方法应注意的是:喷雾能使空气湿度提高,在湿热天气不宜使用。否则,不但起不到应有的降温效果,反而更加重了炎热的程度。鸡舍雾化不全时,易淋湿羽毛影响生产性能。

(3)喷雾-风机系统　在进风口处设置高压喷嘴风罩,将低温的水喷成雾状,当空气经过时,温度就会降低。

30. 鸡舍内的清粪方式有哪些?

鸡舍内的清粪方法有分散式和集中式 2 种。分散式除粪每日清粪 2～3 次,集中式除粪是每隔数天、数月或一个饲养期清粪一次。目前比较常用的清粪方式有刮板方式、传送带方式。

(1)刮板式清粪机　用于网上平养和笼养,安置在鸡笼下的粪沟内,刮板略小于粪沟宽度。视鸡舍设计,一台电机可负载单列、双列或多列。

工作原理:由减速电机输出轴将动力经一级链轮传动主动绳轮,靠牵引绳与绳轮间的摩擦获得牵引力,从而带动刮粪板进行清粪工作。牵引机所能发挥的牵引力由安全离合器总成调整,并在牵引负荷超过安全值时起保护作用。当牵引绳张紧力下降，牵引绳打滑时，电气保护系统立即起作用停机。每开动一次，刮板作一次往返移动，清粪时刮粪板自动落下，向前移动将鸡粪刮到鸡舍一端的横向粪沟内，返回时，刮板上抬空行，牵引绳的张紧力由张紧机构调整，牵引绳上的鸡粪由清洁器、限位清洁器清除。刮粪板往复行程由限位清洁器上的行程开关控制。

此清粪机的优点是机具结构简单，安装、调试和日常维修保养方便；机具工作噪声小、消耗功率小、清粪效果好，清粪清洁度达97.3％；机具工作可靠，涂塑钢丝绳耐腐蚀性强，使用效果好。缺点是要求粪池底面平滑，不得有凹凸不平现象；行程开关离刮粪板近，易受粪便影响失灵。

(2)输送带式清粪机　它的承粪和除粪均由输送带完成。工作时，由一台电机带动上下各层输送带的主动辊，排粪处设有刮板，将粘在带上的鸡粪刮下。使鸡粪排到鸡舍一端的横向粪沟，只用于叠层式笼养。

为了将鸡粪排出舍外，多在鸡舍横向粪沟内安装螺旋排粪机。在鸡舍外的部分为倾斜搅龙以便装车。

六、适度规模肉鸡场经济效益核算

31.肉鸡场的投资成本包括哪些？

肉鸡场的投资成本分为固定成本和可变成本两大类。

(1)固定投资成本　主要包括肉鸡场场房、饲养设备、运输工具、动力机械及生活设施等有关的一切费用，其特点是使用周期长，以完整的实物形态参加多次生产过程，并可以保持其固有的物质形态，随着养鸡生产不断进行，其价值逐渐转入到鸡产品当中，并以折旧费用方式支付。固定投资成本除上述设备折旧费用外，还包括土地税、利息、工资、管理费用等。

(2)可变投资成本　是肉鸡场在生产和流通过程中使用的资金，主要包括饲料、兽药、疫苗、燃料、水电、临时工工资等。其特点是只参加一次养鸡生产过程即被全部消耗，价值全部转移到鸡产品当中，而且它随着生产规模、产品产量而变化。

32.肉鸡场的生产成本主要包括哪些？

(1)固定资产维修费　为保持鸡舍和专用设备的完好所发生的一切维修费用，一般占年折旧费的5%～10%。

(2)固定资产折旧费　指鸡舍和专用机械设备的折旧费。房屋等建筑物一般按10～15年折旧，专用设备一般按5～8年折旧。

(3)工资　所有直接参与饲养、免疫、运输、检鸡、清理鸡舍等工作人员的工资、福利等总和的费用。

(4)饲料费　指在生产过程中实际耗用的各种饲料原料、预混料、饲料添加剂和全价配合饲料等的费用及其运杂费。饲料费随料肉比和饲料价格的变化而变化。

(5)疫病防治费　每批鸡用于免疫、治疗、消毒、杀虫等用途的药品等费用的总和。

(6)燃料及动力费　指直接用于生产的燃料、动力、水电费等。

(7)低值易耗品费用　指低价值的工具、材料、劳保用品等易耗品的费用。

(8)期间费用　包括鸡场的管理费、财务费和销售费用等。

33.怎样计算肉仔鸡的饲养利润?

商品肉鸡场每批肉鸡的出栏时间通常是根据场区的生产周转计划来安排的。在正常情况下,饲养到一定周龄,平均体重符合要求时就安排计划出栏销售,只要能盈利,一般不再做过细的核算。但若能认真进行生产成本保本钱分析,找出肉鸡出栏的最佳时间,使每批肉鸡都能获取更多的利润,肉鸡场的全年总利润必将更为可观,计算公式如下:

$$\text{肉仔鸡保本价格(元/千克)}=\frac{\text{本批肉仔鸡饲料费用(元)}}{\text{饲料费用占总成本的比率}}\div\text{出售肉鸡总活重(千克)}$$

$$\text{上市肉鸡保本体重(千克/只)}=\frac{\text{平均料价(元/千克)}\times\text{平均耗料量(千克/只)}}{\text{饲料费用占总成本的比率}}\div\text{活鸡售价(元/千克)}$$

上市肉鸡的保本体重是指在活鸡售价一定的情况下,为实现不亏损必须达到的上市体重要求。如果实际体重低于保本体重就会出现亏损,要想盈利就必须继续饲养下去或进一步改进饲养管理措施,使实际平均体重超过上市肉鸡的保本体重。

例如某商品肉鸡场相关资料:该鸡场饲养商品肉鸡 20 000 只,出栏时间 43 日龄,成活率 96%,出栏时平均体重 2.12 千克/只,市场活鸡销售价格为 8.97 元/千克。0～21 天使用肉鸡Ⅰ号料，料价 2.95 元/千克，耗料 16 400 千克。22～35 天使用肉鸡Ⅱ号料，料价 2.90 元/千克，耗料 29 700 千克。36～43 天使用肉鸡Ⅲ号料，料价 2.83 元/千克，耗料 20 400 千克。本批肉鸡的饲料费用占总成本的比率为 72%。

(1)计算肉鸡保本价格

本批肉鸡饲料费用(元)＝16 400 千克× 2.95 元/千克＋29 700 千克× 2.90 元/千克＋20 400 千克×2.83 元/千克＝192 242 元

$$\text{出售肉鸡总活重(千克)}=20\,000\text{ 只}\times 96\%\times 2.12\text{ 千克/只}=40\,704\text{ 千克}$$

$$\text{肉鸡保本价格(元/千克)}=\frac{\text{本批肉鸡饲料费用(元)}}{\text{饲料费用占总成本的比率}}\div\text{出售肉鸡总活重(千克)}$$

$$=\frac{192\,242}{72\%}\div 40\,704=6.56\text{ 元/千克}$$

上述计算出的肉鸡保本价格为 6.56 元/千克，也就是每千克活鸡的实际成本。当前市场活鸡销售价格为 8.97 元/千克，表明该批肉鸡盈利，每千克活鸡的利润为：8.97 元－6.56 元＝2.41 元。该批肉鸡的总利润为：2.41 元/千克×40 704 千克＝98 097 元。

(2)计算肉鸡保本体重

$$\text{平均料价(元/千克)}=\frac{\text{本批肉鸡饲料费用(元)}}{\text{本批肉鸡总耗料量(千克)}}=\frac{192\,242}{66\,500}=2.89\text{ 元/千克}$$

$$\text{平均耗料量(千克/只)}=\frac{\text{本批肉鸡总耗料量(千克)}}{\text{肉鸡只数(只)}}=\frac{66\,500}{20\,000}=3.325\text{ 千克/只}$$

$$\underset{(千克/只)}{肉鸡保本体重}=\frac{\underset{(元/千克)}{平均料价}\times\underset{(千克/只)}{平均耗料量}}{饲料费用占总成本的比率}\div\underset{(元/千克)}{活鸡售价}$$

$$=\frac{2.89\times3.325}{72\%}\div8.97=1.50\ 千克/只$$

上述计算结果表明，在市场活鸡销售价格为8.97元/千克的情况下，为实现不亏损必须达到1.50千克/只的体重要求。如果实际体重低于1.50千克/只，就会出现亏损，要想盈利就必须继续饲养下去或进一步改进饲养管理措施，使实际平均体重超过上市肉鸡的保本体重。因该批肉鸡出栏时平均体重为2.12千克/只，超过了上市肉鸡保本体重，所以，该批肉鸡是盈利的。

七、肉鸡饲养管理技术

34. 快大型肉鸡主要品种有哪些?

快大型肉鸡都是配套品系,是经过配合力测定筛选出的杂交优势最好的杂交组合。在培育过程中,有明确的育种计划和目标,由于构成配套品系的各个纯系可以是同一品种,也可以是不同品种,所以其体型外貌和生产性能有的差别很明显。对于现代鸡种,强调群体的生产性能,不重视个体的外貌特征。其杂交而生产出的商品杂交鸡,生命力强,生产性能高且整齐一致,适于大规模集约化饲养。

快大型肉鸡品种主要是引进品种,如爱拔益加(AA+)、罗斯308、艾维茵、科宝、哈伯德等肉鸡品种,见表7-1。

表7-1 部分快大型肉鸡品种一览表

品种	产地	简介
AA+肉鸡	美国	AA+肉鸡是美国爱拔益加育种公司培育的白羽肉鸡配套系,分常规系和羽速系自别系。其特点为生长快、耗料少、适应性和抗病力强。公母混养42日龄体重1 860克,料重比2.14∶1。49日龄体重达2 675克,料重比1.92∶1,成活率96.8%
艾维茵肉鸡	美国	艾维茵肉鸡是美国艾维茵家禽育种有限公司培育的白羽肉鸡配套系。商品代公母混养49日龄体重2 615克,料重比1.89∶1,成活率97%以上
哈伯德肉鸡	法国	哈伯德肉鸡是法国哈伯德伊莎公司培育的白羽肉鸡系列配套系,分哈伯德常规型、伊莎30MPK、伊莎20、伊莎15、雪佛星宝等。商品代公母混养49日龄体重2 770克,料重比为1.96∶1,成活率96%以上

续表 7-1

品种	产地	简介
科宝肉鸡	美国	科宝是美国泰臣食品国际家禽分割公司培育的白羽肉鸡品种。该品种鸡生长快，饲料报酬高，适应性与抗病力较强，全期成活率高。40 日龄体重达 2 000 克以上，料重比为 1.9∶1，全期成活率 97.5%
罗斯 308 肉鸡	美国	罗斯肉鸡是美国安伟捷公司培育的肉鸡新品种，具有生长快，抗病能力强，饲料报酬高，产肉量高的特点。公母混养 42 日龄平均体重为 2 400 克，料重比为 1.72∶1，49 日龄平均体重为 3 050 克，料重比为 1.85∶1。全期成活率 96.5%以上
罗曼肉鸡	德国	罗曼肉鸡是德国罗曼印第安河公司培育的白羽肉鸡配套系。适应性强，体型大，生长快，饲料报酬高。49 日龄商品代平均体重 2 000 克，料重比 2.05∶1。全期成活率 96%以上
安卡肉鸡	以色列	安卡肉鸡是以色列 PBU 公司培育的肉鸡配套系，分白羽肉鸡配套系和快大型黄羽肉鸡配套系。具有适应性强、耐应激、生长速度快、饲料报酬高等特点。黄羽、黄腿、黄皮肤。49 日龄平均体重 1 930 克，料重比 2∶1，全期成活率 96%以上

35. 优质型肉鸡品种主要有哪些？

优质型肉鸡又称精品肉鸡或黄羽肉鸡，它是相对于快大型肉鸡而言的。实际上优质型肉鸡是指包括黄羽肉鸡在内的所有有色羽肉鸡，但黄羽肉鸡在数量上占大多数，因而一般习惯称黄羽肉鸡。目前我国南方优质型肉鸡占肉鸡的 70%～80%，其中港澳、台湾约占 90%以上。我国北方约占 20%，主要集中在北京、河南、山西等省市。中国优质型肉鸡的发展有由南方向北方不断推移的趋势。

我国有许多地方肉用黄鸡品种，尤其是土种黄鸡普遍生长缓慢、就巢性强，繁殖力低，不适于集约化饲养。但经过我国育种工作者对这些品种进行了选种、选育及不同程度的杂交改良，培育出的优质型肉鸡新品系，生长速度和饲料报酬比地方鸡种有了明显的提高，同时保持了地方鸡种特有的肉质风味。由此形成了目前的生长速度不同、肉质也不尽相同、出栏体重不同、出栏日龄不同的不同类别的黄羽肉鸡，具有了相当的市场竞争力。

优质型肉鸡主要包括地方品种、培育黄羽肉鸡等所有的有色羽肉鸡，见表 7-2。

表 7-2　部分优质型肉鸡品种一览表

类型	品种	产地	简　介
地方良种肉鸡	北京油鸡	北京	北京油鸡原产地北京，具有外观奇特、肉质优良、肉味浓郁的特点。体躯宽短，头高颈昂，冠"S"形，体深背阔，尾羽上翘，羽色有黄色、麻色 2 种
	固始鸡	河南	体型中等，有单冠、复冠、直尾和佛手尾之分，羽色以黄、麻黄居多，黑白色很少，喙青黄色，脚靛青色。固始鸡性情活泼，敏捷擅动，觅食力强
	桃园鸡	湖南	桃园鸡体型高大，体躯稍长、呈长方形，腿高，胫长而粗。体质结实，羽毛蓬松，耳叶、肉垂鲜红，较发达。金黄色、红色、麻色喙、胫呈青灰色，皮肤白色。具有体大、肉质细嫩、味道鲜美和觅食力强的特点
	惠阳鸡	广东	惠阳鸡黄羽、黄喙、黄脚、黄胡须、短脚。头中等大小，单冠直立。胸较宽深，胸肌丰满。属中小型鸡，生性活泼，耐粗料，易育肥，素以肥育性能好、肉质鲜美、皮脆骨软、脂丰味美等特点
培育黄羽肉鸡	岭南黄鸡	广东	岭南黄鸡是由广东农业科学院家禽所培育的优质黄鸡系列配套系，分Ⅰ型(中速型)、Ⅱ型(快大型)和Ⅲ型(优质型)。商品鸡 70 日龄公鸡平均体重 1 500 克，料重比 2.80∶1；98 日龄母鸡体重 1 250 克，料重比 3.10∶1
	"817"优质黄羽肉鸡	山东	"817"优质黄羽肉鸡是由山东农业科学院家禽所培育的优质鸡配套系。56 日龄体重 1 700 克 累计料比 2.2∶1
	京星黄鸡	北京	京星黄鸡是中国农业科学院畜牧所培育的优质黄鸡系列配套，分"110"、"101"和"102"3 个配套系。公鸡 60 日龄体重 1 500 克，成活率为 98%，料重比 2.1∶1；母鸡 80 日龄体重 1 600 克，成活率为 97%，料重比 2.95∶1

续表 7-2

类型	品种	产地	简 介
	海新优质黄羽肉鸡	上海	海新优质肉鸡是由上海农业科学院畜牧所培育的优质鸡系列配套系，分海新 201、海新 203、海新 205 和海新 206。商品代 90 日龄体重 2 000 克、料重比为 3.0∶1，成活率 95%以上
	苏禽黄鸡	江苏	苏禽黄鸡是由中国农业科学院家禽研究所培育的优质黄鸡系列配套系，分Ⅰ型(优质型)和Ⅱ型(快速型)、和Ⅲ型(快速青脚型)。42 日龄成活率 98.50%，平均体重 1 650 克，料重比为 1.85∶1
	江村麻鸡	广东	江村麻鸡是由广州江村家禽企业培育的肉鸡良种，有 3 个类型：江村黄鸡 JH-1 号(特优质型)、江村黄鸡 JH-2(快速型)和江村黄鸡 JH-3 号(中速型)，其羽毛、喙和脚均为黄色。JH-1 号特优质鸡、JH-2 号快大型鸡、JH-3 号中速型鸡 3 个品系 60 日龄体重分别为 1 250 克、1 800 克和 1 500 克；料重比分别为 2.4∶1、2.2∶1 和 2.3∶1
	香港石岐杂黄鸡	香港	香港石岐杂黄鸡于 60 年代中期由香港渔农处和香港的几家育种场，选用广东的惠阳鸡、清远麻鸡和石岐鸡改良而成。改进其繁殖力低与生长慢等缺点，曾先后引进新汉县、白洛克、科尼什和哈巴德等外来鸡种的血缘，得到了较为理想的杂交后代-石岐杂。母鸡 110 日龄平均体重在 1 750 克以上，公鸡在 2 000 克以上，全期料重比为(3.2～3.4)∶1
	南宁麻鸡	广东	南宁麻鸡原产自广东清远、广州，引进后经四五世代的闭锁式定向选种选育形成该品种，主产地为南宁市邕宁市。该鸡脚矮骨细，羽毛麻花，抗逆性强，适应性广，抗病力强。肉质结实，皮下脂肪较好，味道鲜美。公鸡 70 日龄平均体重 1 600 克，料重比为 2.5∶1；母鸡 90 日龄平均体重 1 700 克，料重比为 3.2∶1
	粤禽皇鸡	广东	粤禽皇鸡是广东粤禽育种有限公司充分利用我国地方鸡种的优良特性，引进国外优良品种，通过培育专门化纯系、杂交配套选育而成。商品代公鸡 100 日龄平均体重为 1 847 克，料重比为 3.99∶1，成活率为 99.33%，母鸡 110 日龄平均体重为 1 723 克，料重比为 4.32∶1，成活率为 97.33%

(1)地方品种　有北方的北京油鸡、固始鸡等;南方的清远麻鸡、杏花鸡和田鸡等,这就是我们通常所说的土鸡。这些土鸡生长较缓慢、繁殖力低、就巢性强,不适于集约化饲养。

(2)培育黄羽肉鸡　是指在原有地方品种的基础上,经过选育而培育出的黄羽肉鸡。新培育出的优质型肉鸡新品系,综合了进口肉鸡和我国地方鸡种的优点,不仅保持了地方鸡种肉质风味,同时生长速度和饲料报酬比地方鸡种有了明显的提高。目前大规模饲养的肉鸡多为这一类。如石歧杂鸡、新浦东鸡、矮脚黄羽肉鸡、“817”小型优质肉鸡等。这类鸡具有的突出特点是:适应性广、抗逆性强、好饲养、省料等特点。体重和胫长均比同类正常型肉鸡小1/3。

36.肉鸡生产的主要特点是什么?

(1)早期生长速度快　快大型肉用仔鸡出壳时重40克左右,在正常饲养管理条件下,饲养7～8周体重可达2 500克以上,为出生重的60多倍。

肉用仔鸡生长速度快的特点是肉鸡产业高生产性能、高生产效率、高经济效益的首要条件。肉用仔鸡早期生长速度快的规律见表7-3和表7-4。

表7-3　相对增重规律

周龄	1	2	3	4	5	6	7
相对增重/%	275	163	76	53	37	29	19

表7-4　肉鸡的周增重指标　　克

周龄	1	2	3	4	5	6	7
公鸡增重/克	135	276	382	486	565	646	645
母鸡增重/克	135	254	328	424	475	525	525
混养增重/克	135	265	355	455	520	585	585

(2)生产周期短、周转快　目前我国部分地区或鸡场已接近世界水平,肉用仔鸡饲养6～7周龄就可达到上市标准。第一批鸡出栏后,鸡舍经2周清扫、消毒处理后又可进鸡,全年可出栏5～6批。因此,生产周期短、资金周转快,在短时间内可获得较高的经济效益。

(3)饲料利用率高　我国商品肉鸡料重比已达到或接近世界水平。由于肉用仔鸡生长速度快,饲料利用率较高。在饲养管理条件较好的情况下,料重比可达2∶1,高者可达到(1.72～1.95)∶1。

饲料报酬的高低是决定商品肉鸡生产成本和经济效益高低的关键。利用肉用仔鸡早期生长快的特点,缩短其饲养期,在6周龄上市,可进一步提高饲料转化率。商品肉鸡饲料报酬的规律见表7-5。

表7-5　商品肉鸡饲料转化率

周龄	1	2	3	4	5	6	7
每周转化率	1.10	1.22	1.45	1.68	1.94	2.24	2.58
累积转化率	0.85	1.07	1.24	1.40	1.56	1.73	1.90

由表7-5可以看出,随周龄的增长,单位体重消耗的饲料量也在增加,每周饲料转化率和累积饲料转化率降低。因此,使饲料报酬显著降低。在生产过程中,为了提高饲料报酬,在满足生产加工要求的前提下,应尽可能地缩短饲养期。确定适宜的送宰日龄,需综合考虑生长速度、饲料报酬、体重大小(与产品加工需要和屠宰率有关)、鸡苗价格。

(4)饲养密度大,劳动效率高　肉用仔鸡性情安静,具有良好的群居习性,大群饲养很少出现打斗现象。在一般的厚垫料平养条件下,每平方米可饲养12只左右,是同样条件下蛋鸡饲养量的1倍。为了获得最大的经济效益,可将上万只鸡甚至几万只组为一群进行饲养。因此,适于大群高密度饲养。在一般生产条件下的地面平养,每人可管理2 000～3 000只肉仔鸡,半机械化条件下，每人可管理 3 000～5 000 只。在机械化、自动化程度较高的情况下，直接饲养人员一人可饲养 1.5 万～2 万只以上，年均可达到 10 万只水平，可见肉仔鸡适于高密度机械化饲养，可大大提高劳动效率。

(5)肉鸡腿病和胸囊肿发病率较高　随着肉用仔鸡生产性能的不断提高，其早期肌肉生长较快，而骨骼组织相对发育较慢，加之活动量少、体重大，使腿骨和胸骨表面长期受压，易出现腿部和胸部疾病。此病会影响肉用仔鸡的商品等级，造成经济损失，影响经济效益。因此，在生产过程中，应加强饲养管理，预防这类疾病的发生。

37. 肉鸡饲养的方式与特点有哪些？

肉用仔鸡的饲养方式主要有 3 种，即厚垫料地面平养、网上平养和笼养，可根据具体情况采取切实可行的饲养方式。

(1)地面厚垫料饲养　是指进雏前在清洁消毒后的地面上铺上 10～15 厘米厚的垫料，育雏 1 周后，继续铺设新的垫料。饲养期间每天仅增铺新的垫料，直到结束后一次清除所有的垫料。为了减少潮湿的垫料发酵污染舍内空气环境，平时只将过于潮湿和脏污的垫料清除更换。

常使用的垫料有麦秸、刨花、稻草、锯末、杂草、树叶或碎纸、河沙、干土等。在广大的农村地区，可根据当地的具体情况因地制宜，就地取材，可混合使用。垫料要求吸水性强、质地柔软、清洁不霉变。

此种饲养方式的优点是减少了更换垫料的麻烦，有利于鸡舍的保暖，设备简单，肉仔鸡残次品少。缺点是鸡只与粪便直接接触，有利于微生物和寄生虫的滋生，尤其是球虫病发生率较高。鸡只占地面积大，鸡舍利用率低。

(2)网上平养　就是将鸡养在离地面 40～60 厘米的网面上。网面的材料有铁丝网、塑料网，也可用竹竿、木板条或毛竹片等。

10日龄内在上面铺一层塑料布，塑料布上面铺垫料，10日龄后随鸡只长大，将垫料和塑料布撤掉，直接在网上饲养。为提高使用效果，减少腿病和胸囊肿病的发生率，可在底网上再铺一层弹性塑料软网。注意网眼不能太小，否则粪便下漏不畅，失去了网上饲养的意义。

此法的优点是鸡粪直接从网眼漏下，卫生状况较好，大大减轻由粪便传播疾病的机会，尤其是球虫病及白痢病；不需垫料，减轻了饲养人员的劳动强度；缺点是一次性投资较大，胸囊肿病的发生率较高。有条件的饲养场可采用。

（3）笼养　将鸡养在3～5层的育雏笼内，每层之间有接粪板，四周外侧挂有料槽和水槽。近年来国外生产出具有弹性的塑料笼底或全塑料鸡笼，使肉仔鸡的腿病和胸囊肿大大减少。从长远的观点来看，肉仔鸡笼养是发展的必然趋势。

此法的优点是房舍利用率和劳动效率高，同样面积的饲养量为地面平养的2～3倍；可以节省热源，不需垫料便于饲养管理；减少了疾病的发生率。缺点是笼具投资大，对电的依赖性大，对环境控制要求较为严格。

38.肉鸡有哪些营养需要特点？

肉用仔鸡生长速度快，对营养的要求严格，为使肉用仔鸡快速生长的遗传潜力得到充分发挥，应提供符合肉用仔鸡生长发育规律和生长需要的各种营养物质。保证供给肉用仔鸡高能量、高蛋白质、维生素和微量元素等营养成分丰富而平衡的全价饲料。肉用仔鸡营养需要特点是：生长前期蛋白质水平高、能量稍低；后期蛋白质水平稍低、能量较高。因肉用仔鸡早期器官组织发育需要大量优质的蛋白质，如果饲料中蛋白质的含量低就不能满足早期生长速度的需要，生长受阻。后期要求在短期内快速增重，并适当沉积脂肪以改善肉的品质，所以后期对能量要求突出。若饲料的能量不足，导致蛋白质的过量摄取，从而造成浪费。对于“快大型”

的肉用仔鸡，饲料中的蛋白质为18%～23%，能量水平在11.75～13.4千焦/千克范围内为宜。现将美国爱拔益加肉用仔鸡三段制饲养营养标准列表如下，见表7-6和表7-7。

肉用仔鸡的饲料配方要以营养标准为依据，结合当地饲料资源情况而制定。设计饲料配方时不仅要充分考虑满足营养需要，而且也要考虑饲料成本，以保证肉用仔鸡生产的经济效益。

表7-6 爱拔益加肉用仔鸡营养标准

高于2.25千克肉鸡营养推荐标准				
营养成分	育雏料	中期料	后期料	后期料Ⅱ号
粗蛋白质/%	20.0	20.0	18.5	18.0
代谢能/(千焦/千克)	11.75	13.4	13.4	13.4
粗脂肪/%	5.0～7.0	5.0～7.0	5.0～7.0	5.0～7.0
亚油酸/%	1.0	1.0	1.0	1.0
抗氧化剂/(毫克/千克)	120	120	120	120
抗球虫剂	+	+	+	−
钙/%	0.90～0.95	0.80～0.85	0.78～0.80	0.78～0.80
可利用磷/%	0.45～0.47	0.40～0.43	0.37～0.40	0.37～0.40
盐/%	0.30～0.45	0.30～0.45	0.30～0.45	0.30～0.45
钠/%	0.18～0.22	0.18～0.22	0.18～0.22	0.18～0.22
钾/%	0.70～0.90	0.70～0.90	0.70～0.90	0.70～0.90
镁/%	0.06	0.06	0.06	0.06
氯/%	0.20～0.30	0.20～0.30	0.20～0.30	0.20～0.30
氨基酸(最低含量)				
精氨酸/%	1.15	1.20	0.96	0.95
赖氨酸/%	1.00	1.01	0.94	0.90
蛋氨酸/%	0.40	0.44	0.38	0.36
蛋氨酸 + 胱氨酸/%	0.78	0.82	0.77	0.72
色氨酸/%	0.20	0.19	0.18	0.17
苏氨酸/%	0.68	0.76	0.70	0.68

续表 7-6

高于 2.25 千克肉鸡营养推荐标准				
营养成分	育雏料	中期料	后期料	后期料Ⅱ号
锰/(毫克/千克)	100	100	100	75
锌/(毫克/千克)	75	75	75	60
铁/(毫克/千克)	100	100	100	75
铜/(毫克/千克)	8	8	8	6
碘/(毫克/千克)	0.45	0.45	0.45	0.45
硒/(毫克/千克)	0.30	0.30	0.30	0.30
维生素 A/(国际单位/千克)	9 000	9 000	7 500	5 000
维生素 D_3/(国际单位/千克)	3 300	3 300	2 500	2 000
维生素 E/(国际单位/千克)	30.0	30.0	30.0	20.0
维生素 K_3/(毫克/千克)	2.2	2.2	1.65	1.0
硫胺素/(毫克/千克)	2.2	2.2	1.65	1.0
核黄素/(毫克/千克)	8.0	8.0	6.0	5.0
泛酸/(毫克/千克)	12.0	12.0	9.0	7.5
烟酸/(毫克/千克)	66.0	66.0	50.0	30.0
吡多酸/(毫克/千克)	4.4	4.4	3.0	2.0
叶酸/(毫克/千克)	1.00	1.00	0.75	0.5
胆碱/(毫克/千克)	550	550	440	300
维生素 B_2/(毫克/千克)	0.022	0.022	0.015	0.012
生物素/(毫克/千克)	0.20	0.20	0.15	0.10

表 7-7 爱拔益加肉用仔鸡营养标准

低于 2.25 千克肉鸡营养推荐标准			
营养成分	育雏料	中期料	后期料/宰前料
粗蛋白质/%	23.0	20.0	18.5
代谢能/(千焦/千克)	13.0	13.4	13.4
粗脂肪/%	5.0～7.0	5.0～7.0	5.0～7.0
亚油酸/%	1.0	1.0	1.0
抗氧化剂/(毫克/千克)	120	120	120
抗球虫药	+	+	+

续表 7-7

低于 2.25 千克肉鸡营养推荐标准			
营养成分	育雏料	中期料	后期料/宰前料
钙/%	0.90～0.95	0.80～0.90	0.80～0.85
可利用磷/%	0.45～0.47	0.40～0.45	0.40～0.43
盐/%	0.30～0.45	0.30～0.45	0.30～0.45
钠/%	0.18～0.22	0.18～0.22	0.18～0.22
钾/%	0.70～0.90	0.70～0.90	0.70～0.90
镁/%	0.06	0.06	0.06
氯/%	0.20～0.30	0.20～0.30	0.20～0.30
氨基酸(最低含量)			
精氨酸/%	1.28	1.20	0.96
赖氨酸/%	1.20	1.01	0.94
蛋氨酸/%	0.47	0.44	0.38
蛋氨酸 + 胱氨酸/%	0.92	0.82	0.77
色氨酸/%	0.22	0.19	0.18
苏氨酸/%	0.78	0.76	0.70
锰/(毫克/千克)	100	100	100
锌/(毫克/千克)	75	75	75
铁/(毫克/千克)	100	100	100
铜/(毫克/千克)	8	8	8
碘/(毫克/千克)	0.45	0.45	0.45
硒/(毫克/千克)	0.30	0.30	0.30
维生素 A/(国际单位/千克)	9 000	9 000	7 500
维生素 D_3/(国际单位/千克)	3 300	3 300	2 500
维生素 E/(国际单位/千克)	30.0	30.0	30.0
维生素 K_3/(毫克/千克)	2.2	2.2	1.65
硫胺素/(毫克/千克)	2.2	2.2	1.65
核黄素/(毫克/千克)	8.0	8.0	6.0
泛酸/(毫克/千克)	12.0	12.0	9.0
烟酸/(毫克/千克)	66.0	66.0	50.0
吡多酸/(毫克/千克)	4.4	4.4	3.0
叶酸/(毫克/千克)	1.00	1.00	0.75
胆碱/(毫克/千克)	550	550	440
维生素 B_2/(毫克/千克)	0.022	0.022	0.015
生物素/(毫克/千克)	0.20	0.20	0.15

39.如何做好肉鸡的初饮工作？

雏鸡进舍前，应将饮水器均匀地分布安置妥当，以便于所有的雏鸡能及时饮到水。肉鸡雏进舍休息1～2小时后可初次饮水，以后不可间断。

最初1周内最好饮用温开水，水温最好与室温相同，1周后可改饮凉水。鸡的饮用水，必须清洁新鲜。经长途运输或高温条件下的雏鸡，最好在饮水中加入5%～10%的葡萄糖或白糖，饮用6～8小时后，要更换清水。为防止雏鸡呼吸道及肠道感染，可在饮水中加入卡那霉素或链霉素等，每日2次，连饮3天。

饮水器应放置于喂料器与热源之间，每1 000只雏鸡至少需要20个2升的真空饮水器，3周龄后更换为4升的即可，使用长型水槽时，每只鸡应有2厘米的饮水位置，要给雏鸡提供充足的饮水。

通常情况下，鸡的饮水量是采食量的2～3倍。当气温升高时，饮水量增加。使用饮水器供水时，每天至少清洗消毒一次。更换饮水设备时应逐渐进行，饲养至5～6日龄时，逐渐把真空饮水器移近自动饮水设备，当鸡习惯使用自动饮水器后，便可撤出真空饮水器，每个饮水器能供50～60只雏鸡，乳头饮水器每个乳头可供10～12只雏鸡。饮水设备的高度应与鸡的背部等高或略高为宜，要有足够的饮水空间，绝不能发生断水现象。

40.如何做好肉鸡的开食喂料？

雏鸡饮水2～3小时后，开始喂料，最初几天内喂料设备最好使用雏鸡开食盘，一般每100只鸡用一个，也可选用塑料蛋托或有色塑料布。开食料不可一次加得太多，应均匀地少给勤添，并注意雏鸡是否都能采食到饲料，对尚未采食的雏鸡要诱导其吃料。

饲养肉用仔鸡应有足够的喂料器，开食后2～3天后，应改用喂料器，饲喂配合饲料。采用料桶时，一般每30只鸡备用1个，2

周龄前使用 3～4 千克的料桶，2 周龄后改用 7～10 千克的料桶。若使用料槽喂料或使用自动喂料设备时，也应在 2～3 日龄时启动，并保证每只鸡应有 5～7 厘米的采食位置。应注意调整料槽或料桶的边缘与鸡背部保持等高，以防造成饲料浪费或被污染。

在饲喂过程中，应采用定量分次投料的方法，喂饲次数可按第 1 周龄每天 8 次，第 2 周龄每天 7 次，第 3 周龄起一直到出栏，每天 5～6 次。每天喂料量应参考种鸡场提供的耗料标准，并结合实际饲养条件掌握。但每次喂料器中空料时间不应超过 0.5 小时。

41. 怎样调控肉鸡舍的温度？

温度关系着肉仔鸡健康生长及饲料利用。因此，为肉仔鸡提供一个适宜的环境温度至关重要。肉仔鸡对环境温度的要求是：入舍 1～2 天应达 35～33℃，第一周 32～30℃为好，一般每周递减 2～3℃，第二周 29～27℃，第三周 26～24℃，第四周 23～21℃，从第五周起，环境温度保持在 20～21℃为宜，对增重速度和饲料报酬最为有利。每天室内温度波动在 1～2℃，可刺激鸡只多采食，这是肉用仔鸡对环境温度要求的一个特点。

环境温度是否合适，应注意看鸡群的表现，以鸡群感到舒适，采食、饮水、活动、睡眠等正常为最佳标准，切忌温度忽高忽低。

42. 如何控制肉鸡舍的湿度？

环境湿度对雏鸡的健康和生长也有较大的影响。在高温高湿的环境中，雏鸡体内热量不易散发，食欲下降、生长缓慢、抗病力减弱，同时也有利于病原微生物生长繁殖，易诱发球虫病。高温低湿，则雏鸡体内水分大量散失，造成雏鸡脱水和腹内卵黄吸收不良，空气干燥灰尘增多，易患呼吸道疾病。低温高湿时，雏鸡易感冒和患胃肠疾病等。

因此，肉用仔鸡适宜的相对湿度范围是第 1 周为 65％～70％，第 2 周为 60％～65％，第 3 周以后保持在 55％～60％即可，以舍内干燥为好。

控制舍内湿度的措施是育雏的头几天，由于室内温度较高，舍内相对湿度往往偏低，所以应注意舍内水分的补充，可采取在墙壁、地面喷水或在火炉上烧水蒸发等措施来提高湿度。10 日龄后，由于雏鸡呼吸量和排粪量增加，舍内湿度增大，因此注意节约用水，防止饮水器溢漏，勤换垫料，加强通风换气，使舍内湿度控制在标准范围之内。

43. 怎样调控肉鸡舍的通风换气？

肉用仔鸡生长快，代谢旺盛，饲养密度大，易造成舍内空气污浊，对鸡的健康生长十分不利。而通风换气能调整舍内湿度，减少有害气体，减少病原。因此，要高度重视与处理好温度和通风的二者关系，既要注意温度的适宜，又要考虑到舍内空气的清澈度。以无粉尘、无异味为宜。

在生产中往往出现只重视温度而忽视通风现象，造成鸡舍通风不良，有害气体含量过高，不仅影响肉鸡生长速度，还容易诱发呼吸道疾病，严重的还将造成中后期肉鸡腹水症的增多等危害。

在通风时应注意天气的变化适当通风，既要保证舍内的适宜温度又要考虑空气新鲜。第 1～2 周龄时以保温为主适当通风，3 周龄开始则要适当增加通风量和通风时间，4 周龄后除冬季，则以通风为主，特别是炎热的夏季。通风的目的不仅能提供鸡群代谢充足的氧气，而且还能降低舍温，提高采食量，以促进生长。

44. 怎样合理调控肉仔鸡的光照？

光照的目的是延长采食时间，促进生长，但光照强度不可太强，采用弱光制度是肉用仔鸡饲养管理的一大特点。弱光可降低鸡的兴奋性，使鸡经常保持安静的状态，这对肉鸡增重是很有益的。世界肉鸡生产创造的最好成绩，就是在弱光照制度下取得的。

进雏后的第 1～3 日龄实行通宵照明，3 日龄后每天采用 23

小时光照，1小时黑暗。这1小时黑暗只是让鸡群习惯，一旦夜间停电不致引起鸡群骚乱。肉用仔鸡的光照程序具体方法参见表7-8和表7-9。

表7-8　商品肉鸡的光照程序

日龄	光照时间/小时	光照强度/(瓦/米^2)	灯高/米
1～3	24	3	2
4～7	23	3	2
8～28	23	1.5	2
29至出栏	23	0.75	2

表7-9　为达到高成活率的光照程序示例

日龄	光照强度/勒克斯	光照时间/小时	非光照时间/小时
1～3	10～20	23～24	0～1
4～15	5～10	12	12
16～22	5～10	16	8
22至出栏	5～10	18～23	1～6

为了防止肉用仔鸡猝死症、腹水症和腿病的发生，为了配合适当给料，可采用适度的限制光照程序。一般在3日龄前24小时光照，4～15日龄12小时光照，以后每周增加4小时光照，从第5周龄开始给予23小时光照、1小时黑暗至出栏。

光照强度掌握的原则是由强到弱，在育雏的最初1～5天(或1周)之内可以给予较强的光照(2.7～5.4瓦/米^2)，随后应逐渐降低，第4周开始采用弱光(1.35瓦/米^2)一直到出栏。在实际生产中，对于光照强度的要求是只要鸡只能看到采食饮水就足够了。因此，在有窗鸡舍饲养，应采取各种挡光的措施，以避免阳光直射和过强。

为满足肉用仔鸡对光照强度的要求，鸡舍内灯具安装要均匀，以灯距不超过 3 米，灯高距地面 2 米为宜。第 1 周 3.5 瓦/米^2，第 2 周 2.7 瓦/米^2，以后到出栏，把光照强度减少到最低，0.75～1.3 瓦/米^2。对于有条件的在鸡舍最好安装光照强弱调节器，按照不同时期的要求控制光照强度。

45.怎样合理调整肉仔鸡的饲养密度？

密度对肉用仔鸡的生长发育影响很大，密度过大，鸡的采食、饮水等活动受限，造成地面脏污、空气污浊，鸡群的整齐度差，易患病和发生啄癖；而密度小会影响鸡舍的利用，增加鸡的维持消耗，又很不经济。但密度多大为好，要根据具体条件而定。

适宜的密度必须根据饲养方式、鸡舍条件、饲养管理水平等确定。地面垫料平养和网上平养的饲养密度可参考表 7-10 和表 7-11。网上平养和笼养时的密度可比地面垫料平养高出 0.5～1 倍。自然通风的开放式鸡舍，按体重计算，鸡群密度不应超过 20～22 千克/米^2，环境控制鸡舍可增加到 30～33 千克/米^2。

表 7-10　地面垫料平养肉用仔鸡的饲养密度

日龄	饲养密度/(只/米^2)	备注
1～7	40	
8～14	30	
15～28	25	每周应将鸡群疏散 1 次
20～42	16～17	
43～56	10～12	

表 7-11　不同体重肉用仔鸡网上平养饲养密度

体重/千克	开放式鸡舍		环境控制鸡舍	
	/(只/米^2)	/(千克/米^2)	/(只/米^2)	/(千克/米^2)
1.5	15	22.5	22	33.0
2.0	11	22.0	17	34.0
2.5	9	22.5	14	35.0
3.0	7	21.0	11	33.0
3.5	6	21.0	9	31.5

46.肉仔鸡采用“全进全出”饲养制度的好处是什么?

“全进全出”制主要目的在于对整体饲养环境实行彻底清扫、消毒,并对鸡舍及全部养鸡设备进行彻底的消毒处理,切断传染病的流行环节,以杜绝各种疾病的循环传播和交叉传染,从而保证了每批鸡的安全生产。

因此,能充分利用鸡舍及设备,提高资金周转和劳动生产率。全进全出的饲养制度是现代肉鸡生产工艺的成功之举,比多日龄循环连续生产制增重快、耗料少、疾病发生率、死亡率低。

47.饲喂颗粒饲料的好处是什么?

在饲养肉仔鸡的过程中,要想让鸡增重快,必须使鸡多采食,而采用饲喂颗粒饲料,就能解决这一问题。

颗粒饲料的优点是适口性好,营养全价,减少浪费,易于消化吸收,饲料利用率高,增重快,同时在加工成颗粒饲料的过程中还起到了消毒作用,颗粒料的体积小比重大,可促使肉鸡多吃料。所以,使用颗粒饲料可提高消化率2%,增重提高3%～4%,对减少疾病和节省饲料有重要意义。

目前国内外肉用仔鸡生产中,普遍采用颗粒饲料,颗粒直径一般在0.3厘米左右。通常在最初的2～3周饲喂破碎料,以后随着鸡日龄的增大,逐渐改换为直径较大的颗粒料,以提高增重速度和饲料转化率。

48.怎样做好肉鸡的出栏?

适时出栏应考虑到市场需求、市场行情、饲料及鸡苗的价格、鸡群健康状况等因素。最好的办法是对本批鸡做记录,进行效益分析,做到及时出栏。

肉用仔鸡达到要求体重后,应及时送宰。送宰前必须绝食。为做好绝食与送宰及减少不必要的损失,应注意以下方面。

(1)绝食　准备出栏的肉鸡,应在出栏前 8～10 小时断食为宜,如果断食时间太久,不仅肉鸡失重太大,而且对胴体品质和等级均有影响,因此,出场前 4～6 小时使鸡将饲料吃完,饮水可继续供应。

(2)送宰装笼　送宰装笼的时间,夏季最好安排在清晨或傍晚凉爽的时间,以防中暑;冬季在中午比较合适。

防止意外损伤,抓鸡前应将鸡舍光线变暗,并撤走料桶、饮水器等所有器具。根据饲养体重和屠宰的具体时间,来计算捕捉、运输鸡只的最佳时间。准确计算运输鸡只所需要的鸡笼数和车辆数。装运鸡只所需的最小面积是:炎热季节以 40 千克/米^2 为宜;寒冷季节 50 千克/米^2 为宜。抓鸡时,不应抓鸡的翅膀,应抓脚,要轻拿轻放不得抛鸡入笼,以免骨折成为次品。鸡筐装载的鸡只不宜过多,避免因运输拥挤而造成体表损伤或闷死鸡的情况发生。在炎热季节,建议在装车时向鸡体洒水,并保证在运输中不停车。

总之,入笼、装车、运输、卸车、放鸡时动作要轻稳,不能粗暴操作,造成不必要的经济损失。在整个装运过程中的死亡率应不超过 1‰。

此外,对于已装笼和已运到屠宰场等候屠宰的肉用仔鸡,炎热季节要防止烈日暴晒,注意通风、防暑。寒冷冬季应适当注意保暖。笼子、用具等回场后须经消毒处理后才能再次使用,以免带进病原。

49. 肉仔鸡免疫方法有哪些?

为减少疫苗反应所引起的损失,免疫接种时应选择适当的方法并注意相应的注意问题。

(1)饮水免疫

①用于饮水法的疫苗必须是高效价的。

②稀释疫苗的饮水必须不含有任何使疫苗病毒或细菌灭活的物质,如氯、铁、锌、铜等的离子,必要时可用蒸馏水。

③免疫前后各一天，饮水中禁用消毒药，也不能带鸡消毒。

④水中可加入 0.5%的脱脂奶粉作为疫苗的保护剂。

⑤为了使每只鸡在短时间内均能摄入足够量的疫苗，应视季节、气温情况，决定在供给疫苗前停水 3～4 小时。

⑥饮水器要充足，使每只鸡在短时间内均能摄入足够量的疫苗。饮水器具应清洁，无洗涤剂和消毒剂残留，并且不得使用金属容器盛疫苗。

⑦稀释疫苗用的水量要适当，应根据鸡的日龄及当时舍温来确定，稀释液应在 2 小时内全部饮完。稀释疫苗用的水量，正常情况下可参考表 7-12。

⑧在炎热的季节，最好夜间停水，清晨饮水免疫。

表 7-12 饮水免疫时的用水量 毫升

鸡龄	500 头份	1 000 头份
4 天至 2 周	5 000	10 000
2～4 周	7 000	15 000
4～8 周	10 000	20 000
8 周以上	20 000	40 000

(2)点眼、滴鼻免疫

①稀释液必须用蒸馏水或生理盐水，最低限度用凉开水。

②稀释液用量要准确，最好根据所用滴管事先试滴，确定每毫升多少滴，然后再计算实际使用疫苗稀释液的用量。例如，测试所用滴管每滴 0.05 毫升，用 500 头份的疫苗做滴鼻、点眼，每只鸡 2 滴，则一瓶疫苗应加稀释液 0.05×2×500＝50(毫升)。

③为保证操作准确，一手一次只能抓一只鸡，不能一手同时抓几只鸡。

④疫苗滴加到鸡的眼和鼻孔上以后，待鸡将疫苗吸入后，再将鸡轻轻放回地面。遇有滴后打喷嚏或发气泡时应重滴一次。滴鼻、点眼同时进行，各滴 1 滴。

⑤注意做好已接种鸡和未接种鸡之间的隔离，以防漏免。

⑥为减少应激，最好在晚上接种疫苗。

(3)皮下注射免疫

①使用连续注射器时，应经常核对注射器刻度容量和实际容量之间的误差，以免造成剂量不准确。核对时将一般玻璃注射器的推送器抽出，一手将注射器底端堵死，用连续注射器向内注射一定次数，看注射器内的注射液量是否同连续注射器注出的总量相同。

②注射器及针头用前均应煮沸消毒。

③针头插入的方向和深度要适当。用食指和拇指将颈背部皮肤捏起，由两指间进针，针头方向应向后向下，与颈部纵轴基本平行，雏鸡插入深度为0.5～1厘米，日龄较大的鸡为1～2厘米。连续接种50～100只鸡应更换一次针头。

④在将疫苗推入后，针头应慢慢拨出，以免疫苗漏出。

⑤在注射过程中，应边注射边摇动疫苗瓶，力求疫苗均匀，防止沉淀。

⑥在接种过程中，应先注射健康鸡，再接种假定健康鸡，最后接种病鸡。

⑦在注射时感到拇指与食指间有勃起感，说明疫苗已注入。若发现颈部羽毛湿润，说明疫苗漏出，应重新注射一次。

(4)气雾免疫　通过气雾发生器使稀释疫苗形成直径1～10微米的雾化粒子，均匀地浮游于空气中，随呼吸而进入鸡的体内，以达到免疫的目的。

①使用高效价的疫苗，剂量应加倍。

②以蒸馏水或去离子水稀释疫苗，如能加入0.1%的脱脂奶粉更好。

③雾粒直径大小要适中，以直径1～10微米为最好。雾粒过小，易被呼气排出；雾粒过大，停留于空气中的时间短，且易被黏膜阻止，不能进入呼吸道。

④气雾时房舍应密闭，减少空气流动，并应避免阳光直射。天气炎热时宜早、晚进行，喷完后20分钟可开启门窗。

在实际生产中，一般都要根据本地区、本鸡场疫病流行的特点，来制定一个比较切实可行的疫苗接种程序和方法。表7-13和表7-14提供了肉用仔鸡免疫接种程序，仅供参考。

表7-13　商品肉鸡免疫程序(建议)

日龄	免疫疫苗名称	免疫方法	免疫用量
1～3	VH-H120-28/86三联苗	点眼滴鼻	1.5头份
7～9	VH-H120-28/86三联苗	饮水或点眼滴鼻	1头份/只
	新城疫二价-肾传支多价油剂苗或新城疫二价-腺胃型-肾传支多价油剂苗	颈部皮下注射	0.5毫升/只
15	法氏囊弱毒苗	饮水	1头份/只
25	法氏囊弱毒苗	饮水	1.5头份/只
28	VH-H120-28/86三联苗	饮水	2头份/只

表7-14　肉仔鸡免疫程序(建议)

日龄	病名	疫苗名	用法和用量
1～3	传染性支气管炎	H120	点眼，1滴/只
7～9	新城疫	新城疫油乳剂灭活苗＋新城疫Ⅳ系	皮下注射(0.3毫升/只)＋点眼(1滴/只)
12～14	传染性法氏囊炎	传染性法氏囊炎D78	饮水免疫，2羽份/只
24～26	新城疫	新城疫Ⅳ系	饮水免疫，2羽份/只
28～30	传染性法氏囊炎	传染性法氏囊炎D78	饮水免疫，2羽份/只

注：新城疫疫区可参考以上免疫程序。

50.如何观察鸡群？

经常观察鸡群是肉用仔鸡管理的一项重要工作。通过观察鸡群，及时了解鸡群的动态，做到早预防早治疗，以避免不良环境造成的应激，减少疾病的发生。

(1)行为观察　正常情况下,鸡活泼好动、反应灵敏,羽毛光洁,形态自如,分布均匀。若雏鸡绒毛耸立,身体蜷缩,闭目无神,靠近热源,聚集成堆,并不时发出尖叫声,说明环境温度太低。若雏鸡远离热源,采食减少,频繁饮水,张口喘气,展翅伸脖站立,表明温度过高。如果鸡只闭目缩颈,行走困难,呆立一旁,则为病态表现。

(2)粪便观察　开灯后要注意观察鸡群的精神状态,同时要注意粪便情况。正常粪便颜色是灰黑色或黄褐色,软硬适度,上面覆有一层白色尿酸盐,呈堆状或粗条状。对于不正常的粪便,如红色粪便,可能是患出血性肠炎或球虫病;若绿色粪便可能因消化不良、中毒或新城疫所致;若排出白色石灰浆样的粪便,要查找原因,是否患有白痢、传染性法氏囊、传染性支气管炎等病。

(3)采食饮水情况　在喂料给水时,要注意观察料槽和水槽的结构和数量是否合适,鸡的采食和饮水以及饲料的质量是否符合要求,有无剩料等。正常情况下,鸡群采食表现兴奋、积极,对于采食积极性差或拒食的鸡要注意观察,必要时要挑出进行检查。注意观察鸡群的饮水情况,因为饮水量是鸡群是否健康的重要标志,观察饮水是否新鲜、充足,饮水量是否正常,水槽是否卫生,有无漏水等现象。

51.提高肉用仔鸡合格率、减少残次品的措施有哪些?

在肉鸡生产过程中,由于采用集约化、高密度的饲养,使肉用仔鸡胸部疾病、腿部疾病和腹水症的发病率增加,严重影响到肉鸡健康和产品合格率,使饲养的经济效益降低。预防和降低此类"生产性"疾病的发生,是提高肉用仔鸡合格率的重要途径。

(1)胸囊肿　胸囊肿就是肉鸡胸部皮下发生的局部炎症。它对生长没有明显的影响,但影响屠体的商品价值和等级,会造成一定的经济损失。

胸囊肿产生的主要原因是肉仔鸡生长速度快、体重大、腿脚相对软弱、经常伏卧,使胸部与地面或硬质网面接触时间长,受到摩擦和压迫而造成的。从管理方面减少胸囊肿发生率的措施有以下几条。

①保持垫料有一定的厚度，加强垫料管理，防止垫料潮湿板结，避免鸡体直接与地面接触。

②采用网上或笼养，应加一层具有弹性的塑料底网，可有效地减少胸囊肿的发生。

③减少伏卧时间，适当促进鸡的运动，特别是后期应适当驱赶。

(2)腿部疾病　随着肉鸡生产性能的提高，腿部疾病的严重程度也在增加。经常发生各种各样的腿病，如腿软弱无力、关节和腿骨变形、腿骨骨折等。究其原因，主要是遗传、管理、营养、感染等诸方面。预防腿部疾病是肉用仔鸡生产中的一个难题，一般没有很好的治疗方法，只能采取一些综合性的措施，减少该病的发生。其主要措施有以下几条。

①注意饲料营养的充足和平衡，特别是预防饲料中钙、磷、锰缺乏，因日粮中缺磷或缺锰引起腿病，日粮中使用磷酸氢钙比使用骨粉好，因为鸡对磷酸氢钙中的磷比骨粉中的磷利用率高。

②注意环境卫生，定期对鸡舍进行消毒，防止大肠杆菌病、葡萄球菌病及其他腿足部感染的发生。

③细心管理，防止挫伤和骨折等发生。

(3)腹水症　肉鸡腹水症不是一种传染性疾病，它的发生与环境条件、饲养管理、营养以及遗传等都有关系。尽管引起肉鸡腹水症的原因多种多样，但是，腹水症的直接原因与缺氧密切相关。控制肉用仔鸡腹水症发生的措施有：加强通风换气，保持鸡舍空气清新，尽量减少饲养密度，防止空气污浊而导致缺氧。饲粮中要适当添加维生素和矿物质，如维生素 E、维生素 C 的含量，添加 1％的碳酸氢钠。不可长期使用呋喃唑酮，在使用过程中，用量尽可能控制在 0.025％以下。

参考文献

[1] 杨宁.现代养鸡生产.北京:中国农业大学版社,1994.

[2] 杨山.现代养鸡.北京:中国农业出版社,2001.

[3] 林建坤.禽的生产与经营.北京:中国农业出版社,2001.

[4] 杨慧芳.养禽与禽病防治.北京:中国农业出版社,2006.

[5] 蔡长霞.畜禽环境卫生.北京:中国农业出版社,2006.

[6] 王富强.肉鸡生产技术问答.北京:中国农业大学出版社,2010.